前沿科学

在身边

住进 3D 打印的房子

小多（北京）文化传媒有限公司 / 编著

U0162627

天地出版社 | TIANDI PRESS

图书在版编目（CIP）数据

住进3D打印的房子 / 小多(北京)文化传媒有限公司编著. —成都：
天地出版社，2024.3
（前沿科学在身边）
ISBN 978-7-5455-7978-9

Ⅰ.①住… Ⅱ.①小… Ⅲ.①快速成型技术-儿童读物 Ⅳ.①TB4-49

中国国家版本馆CIP数据核字(2023)第197463号

ZHUJIN 3D DAYIN DE FANGZI

住进 3D 打印的房子

出 品 人	杨　政	责任校对	曾孝莉
总 策 划	陈　德	装帧设计	霍笛文
作 　者	小多（北京）文化传媒有限公司	排版制作	朱丽娜
策划编辑	王　倩	营销编辑	魏　武
责任编辑	王　倩　刘桐卓	责任印制	刘　元　葛红梅
特约编辑	韦　恩　阮　健　吕亚洲　刘　路		

出版发行　天地出版社
　　　　　（成都市锦江区三色路238号　邮政编码：610023）
　　　　　（北京市方庄芳群园3区3号　邮政编码：100078）
网　　址　http://www.tiandiph.com
电子邮箱　tianditg@163.com
经　　销　新华文轩出版传媒股份有限公司

印　　刷	北京博海升彩色印刷有限公司	印　张	7	
版　　次	2024年3月第1版	字　数	100千	
印　　次	2024年3月第1次印刷	定　价	30.00元	
开　　本	889mm×1194mm 1/16	书　号	ISBN 978-7-5455-7978-9	

《前沿科学在身边》

生逢其时

科学史理论家、清华大学教授　刘兵

　　面对当下社会上对面向青少年的科普需求的迅速增大，《前沿科学在身边》这套书的出版可谓生逢其时。

　　随着新科技成为全社会关注的热点，也相应地呈现出了前沿科普类的各种图书的出版热潮。在各类科普图书百花齐放，但又质量良莠不齐的情况下，高水平的科普图书品种依然有限。而在留给读者的选择空间不断增大的情况下，也同时加大了读者选择的困难。

　　正是在这样的背景下，我愿意向青少年读者推荐这套《前沿科学在身边》丛书。简要地讲，我觉得这套图书有如下一些优点：它非常有策划性，在选择的话题和讲述的内容的结构上也非常合理；也涉及科学的发展热点，又不忽视与人们的日常生活密切相关的内容；既介绍最新的科学前沿探索，也不忽视基础性的科学知识；既带有明显的人文关怀来讲历史，也以通俗易懂且有趣的语言介绍各主题背后科学道理；既有以故事的方式的生动讲述，又配有大量精美且具有视觉冲击力的相关图片；既有对科学发展给人类社会生活带来的巨大改变的渴望，又有对科学技术进步带来的问题的回顾与反思。

在前面所说的这些表面上似乎有矛盾，但实际上又彼此相通的对立方面的列举，恰恰成为这套图书有别于其他一些较普通的科普图书的突出亮点。另外，从作者队伍来看，丛书有一大批国内外在青少年科学普及和文化教育普及领域的专业工作者。以往，人们过于强调科普著作应由科学大家来撰写，但这也是有利有弊：一是科学大家毕竟人数不多，能将精力分于科普创作者就更少了；二是面向青少年的科普作品本来就应要更多地顾及当代青少年本身心理、审美趣味和阅读习惯。因而，理想的面向青少年的科普作品应是在科学和与科学相关的其他多学科研究的基础上，由专业科普作家进行的二次创作。可以说，这套书也正是以这样的方式编写出来的。

随着人们对科普的认识的不断深化，科普的目标、手段和方法也在不断地变化——与基础教育的有机结合，以及在此基础上的合理拓展，更是越来越被重视。在这套图书中各本图书虽然主题不同，但在结合不同主题的讲述中，在必要的基础知识之外，也潜在地体现出对于读者的科学素养提升的关注，体现出对于超出单一具体学科知识的跨学科理解。书中包括了许多可以让读者自己动手实践的内容，这也是此套图书的优点和特点。

其实，虽然科普理念很重要，但讲再多的科普理念，如果不能将它们化为真正让特定读者喜闻乐见的具体作品，理论就也只是理想而已。不过，我相信这套图书会对于青少年具有相当的吸引力，让他们可以"寓乐于教"地阅读。

是否真的如此？还是先读起来，通过阅读去检验、去体会吧。

目录

从平面印刷到 3D 打印

3D 打印改变生活

3D 打印助力医学

3D 打印的未来

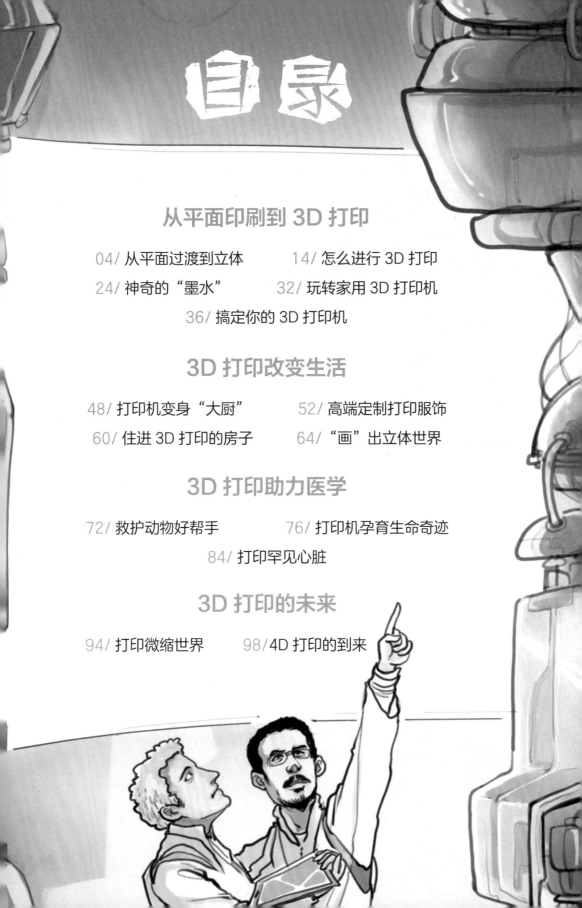

从平面印刷到3D打印

追溯人类制造工具的历史

有位诗人这样写道："人猿相揖别，只几个石头磨过，小儿时节。"这里指的人类少儿时节，就是人类历史上的旧石器时代。旧石器时代距今有200多万年之久，约占人类历史长度的99%，而那个时代的"工业生产"，指的就是打磨石头。取一块中型石料，一只手辅助，另一只手握着另一大石块砸击，便可以将石料打制成尖状器、斧形器、刀形器等工具。有了石头工具，又可以打制更大的石头制品。

将黏土捏制成型后，放到柴火炉中烧制，可以得到坚硬的器具——陶器。迄今为止发现的最古老的陶器，可以追溯到2万年前。

公元前 3000 年

熔炼青铜

青铜器

热锻钢材

大马士革钢刀

用黏土捏制陶罐

原始人打制石磨

原始人制造的石斧

原始人打制石器

250 万年前

古代的器物制作，主要是对自然界能够采集到的材料进行加工。制作效率和精致程度取决于工具的发明。

在我国，古代的匠师鲁班发明了许多重要的木匠工具，如锯子、曲尺、墨斗等，人们因此能够高效地制造木器。条状的木料被制作成立体的建筑或家具，巧妙的榫卯结合，使木构件交叉接合处达到足够的结构强度。

纺纱车和织布机出现后，人们可以用棉、麻等植物纤维生产布料。梭织是由纵向的经纱和横向的纬纱以90°角作经纬交织的织法。梭子带动纬纱在上下开合的经纱开口中穿过，构成交叉的结构。穿行了2000年的梭子，止步于20世纪的无梭织法。

公元前 200 年

汉墓出土的丝织品

明代家具

木匠的锯子和刨子

石器时代后是青铜器时代和铁器时代。青铜比铁出现得早，因为青铜的熔点比铁的熔点低，但用铁可以制造出比青铜更坚固、更轻也更便宜的工具。此外，铁矿的分布范围也比铜矿广。

金属的铸造有6000年的历史。将金属加热至熔融状态，然后倒入预先做好的沙土模子内，待其冷却凝固后取出，即可得到金属器件。

锻造是对金属坯料施加外力——捶打和冲压，除了让坯料成型，还使金属的组织变得更加紧密，力学性能得到提高，比如塑性变得更好。

运行中的车床

运行中的铣床

电焊工正在焊接

汽车流水生产线

石油的开采和提炼让高分子产品在 20 世纪风靡世界。

塑料是指以高分子化合物为主要成分的柔韧性很好的材料。热塑性塑料在加热后会变成液态，被压入模具内冷却硬化成型，成为各种日用品；因为加热后不会产生化学变化，所以热塑性塑料可以反复地加热模塑。而热固性塑料在热固过程中发生了不可逆的化学反应，因而只能熔化成型一次。

合成纤维也属于高分子材料，包括尼龙、涤纶、氨纶等。合成纤维的制造，是以物理力量使液态的化学物质经过小孔，压制或抽制成极细的纤维条，再经过纺织工艺制成各种织物。

合成纤维布料的经纬织纹

喷出拉丝细孔的合成纤维

现代的金属坯件精加工，是用极其坚韧的刀具，对金属坯件进行包括冲、车、铣、刨等在内的切削改造，让金属坯件成为精密的零件。在加工过程中，坯件和刀具做相对的高速运动，比如让坯件高速旋转，静止的刀具则慢慢贴近坯件，一层一层地刮坯件，使坯件变圆。

法国枪匠奥诺雷·布兰在1785 年左右开发了可以替换的零件，然后由杰弗逊在美国推广，形成了"标准部件"的概念，让现代的低成本和大量制造成为可能。

生产线是现代工业的象征，大量技工经过严格分工，只需 30 小时就可以完成一辆轿车的组装。

最终制品

模具

模具里的塑料制品

让塑料液化成型的机器

在钢筋网上浇注混凝土

摩天大楼

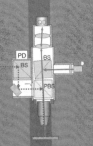

光线在芯片上刻蚀图案

半导体集成电路

摩天大楼靠工字钢和包裹着钢筋浇筑成的坚硬的钢筋混凝土架构支撑。一旦主支撑架构搭建完成，各层就可以同时装配楼板和墙体。

而微电子工业已经进入纳米（百万分之一毫米）级的制作，用激光对光敏材料进行刻蚀，并通过原子在固体中的高温渗透，制作出极其精密的电子制品。

进入 21 世纪，人类的制造工艺已经达到"极端"——极端能量、极端温度、极端尺寸……未来，将会是极端的多元，各种全新的制作方式将会出现，其中的一种是：3D 打印。

从平面过渡到立体

Q5 喷墨打印机是如何完成打印的？

Q4 如何成功印刷一张「比特图」？

Q3 如何获取丝网印刷物？

Q2 都有哪些印刷方式？

Q1 印刷是如何实现的？

平面画上的立体感，是由画面的透视
关系、明暗对比、视觉错觉产生的，
跟印刷方法没有直接关系

4

无论印刷还是复制，都是通过一种记录着文字和图案信息的"版"，将油墨"涂抹"到平面的纸或其他材料上，得到大批量的一模一样的复制品。正是打印和印刷术的发展，使文字得以普及和流传，文明得以昌盛和传承。

印刷是如何实现的？

Q1

大型印刷机

印刷机在纸上印刷

一张纸需要分别印上青、品红、黄、黑这4种颜色

纸张在印刷机中被滚筒轴带着转动

最后传送出印刷过的精美图片

在常规的彩色（4色）印刷中，一张纸经过印刷机，需要被反复地印刷4次，分别印上青、品红、黄、黑这4种颜色。画面上任意位置呈现的颜色，都是由这个位置上印的这4种颜色的比例决定的。

不管图形有多复杂，文字呈现的故事有多曲折，承载了文字和图案的"版"都是二维的。所有的印刷和打印，都是在一个二维的平面上进行的，上面的墨点，有位置，有浓淡，有色彩，但是，它没有第三维的"厚度"（高度）的信息。我们用印刷、打印记录的世界和人生，无论多么波澜壮阔，都只能在一张薄薄的、二维的纸上。

英文中"printing"的含义

英文中的"printing"，对应中文有两层意思：一层是传统意义上的印刷，另一层是利用计算机进行打印。

都有哪些印刷方式？

Q2

凸版印刷

在雕刻印版时，印刷的图文部分在印版上是凸起的。将油墨刷到印版上，由于印版上的图文部分高于非图文部分，因此印版上只有凸起的图文部分能接触到油墨，非图文部分则没有油墨。再将纸张压到印版上，印刷就完成了。

用文艺一点的说法讲，凸版印刷就是"我把文字凸起，心事呈现给你"。

凸版印刷的印版，版面上的文字或图案是凸起的，油墨被刷到凸起的版面上，再转印到纸上

转移油墨的"版"

印刷，可以追溯到 2000 多年前中国的印章。在质地坚硬的石头、黄金或青铜上，刻下文字或者图案，文字和图案可以通过印泥，重复地印到绢或纸上。

在这里，印章就是我们前文提到的"版"。不同的是，后世印刷的"版"面积比印章大很多。

在石头上刻制印章叫作"篆刻"，这是一种艺术，也可以看作是最简单的印刷

印章凸起的文字蘸上红色的印泥，印在宣纸上

早期有哪些印刷方式应用了凸版印刷

早期的凸版印刷有胶泥活字、木刻活字以及铅铸活字等。

凹版印刷

与凸版印刷的图文部分凸起相反，凹版印刷的图文部分则凹于印版表面。印刷时把油墨填充到印版上的凹坑内，用刮墨刀把印版表面多余的油墨刮掉，然后将印版和纸张压在一起，让凹坑内的油墨沾到纸上，这样就完成了印刷。

用文艺一点的说法讲，凹版印刷就是"我把文字藏起，心事你来捞起"。

孔版印刷

孔版印刷是在不透油墨的印版（如蜡纸）上刻上图文，图文部分能够使油墨通过。利用外力的刮压，将油墨漏印到被印物体上，从而形成印刷图形。丝网印刷是如今孔版印刷的主流。

用文艺一点的说法讲，孔版印刷就是"我把文字镂空，心事透露给你"。

凹版印刷

1. 对凹版印刷来说，要印刷的图文部分与印版上的凹槽对应

2. 印刷时，油墨被填充到凹坑内，用墨刀将凹坑外的油墨刮掉

3. 此时凹坑内已经充满油墨，凸起的部分已被墨刀刮干净

4. 然后铺上印刷载体（如纸张），碾压，让纸张与油墨充分接触

5. 揭开纸张，油墨就沾在纸上，印刷完成

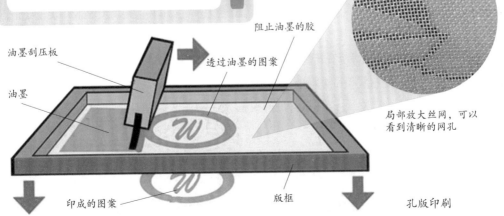

油墨刮压板

油墨

阻止油墨的胶

透过油墨的图案

局部放大丝网，可以看到清晰的网孔

印成的图案

版框

孔版印刷

如何获取丝网印刷物？

Q3

丝网印刷

我们可以自己完成丝网印刷。你需要准备一件素色的 T 恤或一个素色的帆布袋，然后用丝网印刷。

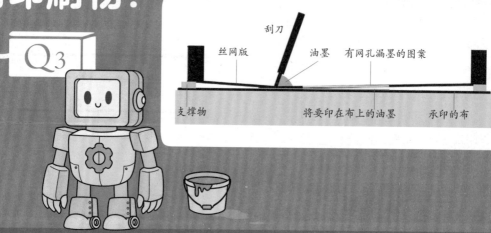

刮刀
丝网版　油墨　有网孔漏墨的图案
支撑物　将要印在布上的油墨　承印的布

丝网版获取方法　✕

丝网版可以通过下面 3 种方法获取。

1. 标准制作。（1）用网布和绣花绷子，制作一个绷紧的网；（2）在红光的环境下刷上感光乳胶，在 40℃下干燥；（3）用电脑设计图案后，打印到透明的胶片上；（4）将有图案的胶片蒙在有感光乳胶的丝网上进行曝光，曝光后用温水淋湿网版的两面，待 1~2 分钟后，用压力水以扇形的方式不断冲湿直至图像清晰出现，然后烘干。（上述材料都可以在网上买到，搜索关键词：丝印网布、绣花绷子、感光乳胶。制作过程需要考虑：网孔目数、光源强度、曝光时间、水洗条件、感光乳胶的耐水性或耐油性，这些都可以通过搜索引擎或咨询出售材料的商家找到答案。）

2. 简易制作。（1）在电脑上设计图案并打印在不干胶纸上，然后把图案剪下来，粘贴在绷紧的丝网上；（2）在丝网上刷感光乳胶（贴有不干胶纸的地方刷不上乳胶）；（3）待感光乳胶漆干燥后（需要几个小时），剥下不干胶纸。

3. 委托加工。在网上可以找到相应商家对丝网进行委托加工，上传自己设计好的图案，几天后就可以收到制作好的丝网。

印制

（1）将承印的T恤或帆布袋平摊并绷紧，准备2~3毫米厚的支撑物，如尺子，把丝网版架在支撑物上面并调节T恤或帆布袋和图案的相对位置；（2）将油墨涂抹在丝网上，用刮板轻刮涂匀，使之覆盖图案；（3）一手按住网版，另一手持刮板慢慢地刮油墨，掌握压力，使油墨均匀涂在承印的布上（可以先在小布块上试验以掌握恰当的力度）；（4）晾干成品。

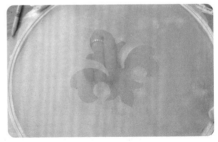

图案处没有感光乳胶堵住网孔，油墨便可以流过

印刷油墨

一般印刷用的油墨，必须具备以下特点：

由有色体（如颜料、染料等）、联结料、填充料、附加料等物质均匀混合组成；

为具有一定流动度的浆状胶体；

能进行印刷，并可以在被印刷体上干燥。

因此，颜色、身骨（稀稠、流动度等流变性能）和干燥性能是油墨的三个最重要的特点。

油墨的种类很多，物理性质亦不一样。有的很黏稠，有的却相当稀薄；有的以植物油做连接料，有的却用树脂、溶剂或水等做连接料。这些都是根据印刷对象、印刷方法、印刷版材和干燥方法等的不同决定的。

上面所述的印刷方法和油墨种类虽然各异，但都有一个共同之处：它们都是在二维的纸面上进行印刷，文字和图形都是二维的，油墨也是专为二维印刷发明设计的。

购买油墨和刮板的要点

要注意的是，丝网有耐水性和耐油性之分，如果你的丝网是耐水性的，就要买水性油墨，反之就要买油性油墨；刮板的长度要大于图案的宽度。

如何成功印刷一张"比特图"？

Q4

从平版到点阵

传统的印刷，需要一个"版"，然后按照这个"版"，将油墨印制到纸面上。这种方法盛行了1000多年，直到计算机面世。

计算机打印时使用的"版"很特殊。它是将整张平面图形转换成二进制编码和二维点阵图，这种二维点阵图又称为"比特图"。

打印文字

比如要打印"广大"两个字。我们要把这两个字描在点阵里，每一列是一个字节（又称 Byte，或者8个比特或位）。

第一列的第6个点，是个黑点，所以第一个 Byte 是 0000 0100（黑点用"1"表示，白点用"0"表示），前后四位都转换成十六进制就是"04"。（十六进制的16个数分别是 0，1，2，3，4，5，6，7，8，9，A，B，C，D，E，F）

第二列的第2、第3、第4、第5个位置上是黑点，所以第二个 Byte 是 0111 1000，转换成16进制就是"78"。

依次类推，"广大"的十六进制编码是"04 78 40 C0 40 40 00 44 48 F0 48 44"。

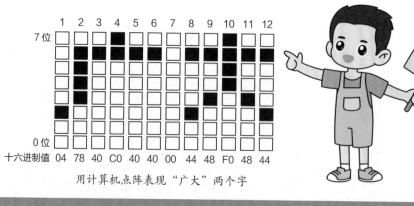

用计算机点阵表现"广大"两个字

描述图片

利用类似的方法，可以描述图片。以这张黑白的 X 光片为例，如果用 1024×1024（1024 行、1024 列）的点阵表示，每个点称为一个像素，用 1 个或者 2 个字节来表示它的灰度（或称"亮度"）。这样，用 1 兆或者 2 兆字节就可以描述这张 X 光片。

为了让照片更加清晰，可以将点阵上的格子画得更多、更细些，如将点阵铺成 2048×2048。当然，此时文件的大小也增大了，达到了 4 兆或者 8 兆字节。

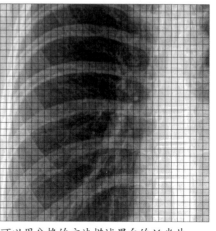

可以用分格的方法描述黑白的 X 光片

彩色图片

对于彩色图片，则需要在给每个像素编码时加入色彩信息。比如，用 16 比特表示一个彩色的点时，将其中 5 个比特表示红色的饱和度，另外 5 个比特表示蓝色的饱和度，剩下的 6 个比特则表示绿色的饱和度（因为人眼对绿色比较敏感，所以多用一个比特）。这样一来，就有了 65536（16 个 2 相乘）种颜色。

无论是文字还是图形，在电脑里都会分成很多行，每一行分成很多点，每个点的信息用二进制的"1""0"码表示。打印机只需要听从电脑的命令，在需要的位置打上灰度和色彩都调控好的点。

2D 打印的基本原理

2D 打印有多种方式，但都需要将墨水粘在纸上或卡片上。墨水是复杂的液体，由染料、溶剂和其他物质组成。墨水在不使用时保持湿润状态，一旦由打印机打印到纸上，与空气接触后，就会显现出颜色并立即变干。墨水一点点地叠加，在纸上形成字母、文字以及图片，变干后就会自动留在纸上，且保持永久不脱落。

喷墨打印机是如何完成打印的?

一行一行按顺序喷射

当电脑的点阵信息传送到打印机时,打印机就会根据点阵信息,一行一行地将墨水喷涂到纸或其他材料上。

喷墨方式

喷墨方式有两种:

压电式。里面有一种晶体,通电后会振动,通过振动,将通道内的墨水挤压喷出。

温控式。加电产生高温,把墨水煮开,从而产生蒸汽,将墨水喷出。

工作方式

喷出的墨水到达打印纸,就算打印好一行。这一行中哪些点有墨,喷什么颜色的墨,都是电脑根据图形文字的点阵编码决定的。当然,喷头也有好几个,分别装着不同颜色的墨水,只要控制一个点上各种墨水的量,将所有墨水颜色合成,就得到这个点需要的颜色。然后,纸张滚动,喷第二行。喷完第二行,再喷第三行……

喷墨打印的背后,其实是成百上千的喷头同心协力、步调一致、按部就班地喷墨啊!

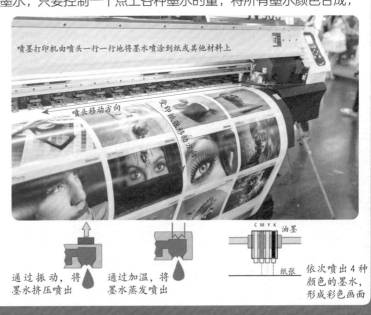

喷墨打印机由喷头一行一行地将墨水喷涂到纸或其他材料上

喷头移动方向

打印纸张移动方向

通过振动,将墨水挤压喷出

通过加温,将墨水蒸发喷出

CMYK 油墨

纸张

依次喷出4种颜色的墨水,形成彩色画面

到此为止，我们所说的印刷（无论是整版的还是逐行的）还是局限在一个二维的平面上。不过，20 世纪有过一个特例——微电子工业的厚膜印制电路。

厚膜印制电路

厚膜印制电路是先将金属化合物混合在黏合剂中制成浆料；浆料作为油墨，通过丝网印刷被印制到陶瓷薄板上；然后送到炉子里，经过烧结固化，就制成了厚膜电路。因为不同的浆料呈现不同的电阻率，所以可以在陶瓷板上打印导线和电阻。电阻的阻值是由电阻材料决定的。在厚膜电路印制中，引入了"厚度"的概念。

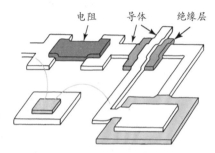

厚膜印制电路是在印刷一个"多层体"，它可以一直添加层数，而且更换不同的材料，打印任何三维的物体，是 3D 打印的思路。

在厚膜印制电路中，印制出立体的电阻和导体

"万能 UV 平板"的打印机

在喷墨打印领域，有一种被称为"万能 UV 平板"的打印机，这种打印机使用的墨水可以加入树脂，这种树脂经紫外线照射后，立即固化。这种"遇紫即固"的特性，使得这种打印机克服了喷墨打印墨水干燥比较慢的缺点，而且承印材料不受任何限制。正是这种"遇紫即固"的树脂触发查克·赫尔在 1983 年发明了 3D 打印：他将树脂打印出来，用紫外线固化，再打上第二层树脂，同样用紫外线固化。如此不断地重复，使树脂层层叠加——这就是 3D 打印！当时的术语叫"stereolithography"，是由"立体"和"光刻"两个词合成的。

"厚度"概念的应用

在这种印制中，厚度是需要精密控制的。厚膜印制电路还可以分层。如果要让一根导线横跨过另一根导线，只需在下层导线上打印一层绝缘材料，在这层绝缘材料的上面就可以横跨另一层导线了。

怎么进行 3D 打印

Q1 3D 打印技术的应用带来了什么？

Q2 3D 打印的基本原理是什么？

Q3 如何用 SLA、FDM 或 SLS 实现印刷？

Q4 3D 打印的软肋是什么？

Q5 DLP 利用了什么原理进行打印？

3D 打印技术的应用带来了什么？

　　3D 打印技术极大地革新了制造业的生产方式，有人甚至将其称为"第三次工业革命"。

　　世界首架 3D 打印的无人机已经试飞成功，时速达到 241 千米。对于一款民用无人机来说，这个速度非常惊人。美国无人机制造商极光飞行科学公司的航空研究工程师丹·坎贝尔表示，3D 打印技术能让设计师对特定的元件进行定制，以改进无人机性能，大大加快无人机的生产速度，并有效降低生产成本。

　　那么，3D 打印的秘诀是什么？它是如何运作的呢？

3D 打印进入无人机技术领域后，很快就给整个产业带来了积极的影响

2D 还是 3D

　　对于 3D 打印，首先要搞清楚的就是：它的叫法其实是不准确的。确实，3D 打印的程序本质上是 2D（二维）打印，只不过需要在 2D 打印的基础上一遍又一遍地打印、一层又一层地叠加，直至一件 3D 产品最终成型。

3D打印的基本原理是什么?

3D 打印就好比把油墨层一层一层地堆叠起来，达到一定厚度，每层厚度只有几微米（一微米等于百万分之一米）。另外，2D 打印所用的墨水相当规范，而对于 3D 打印来说，几乎任何物质都可以充当墨水，比如尼龙、塑料、金属、食材、生物组织，乃至纸张本身等。

在 3D 打印机执行打印任务之前，首先要用电脑设计好要打印的东西，比如一只杯子。通常是使用三维建模软件来构建需要打印的物体的 3D 模型。这些建模软件有简单实用的，也有复杂专业的，但无论哪一种，都需要进行一定的培训学习才能掌握。当然，如果仅仅是想打印一个和现有物体一模一样的复制品，也可借助 3D 扫描仪来快速建模——直接扫描这个物体，比如一块化石或者一个机器零件。有了电脑中的这些模型，用计算机辅助设计软件将这些 3D 模型切分成水平薄层，打印机就能按要求把这些一层层的"薄片"叠加打印出来，最终"垒"成要打印的物体。

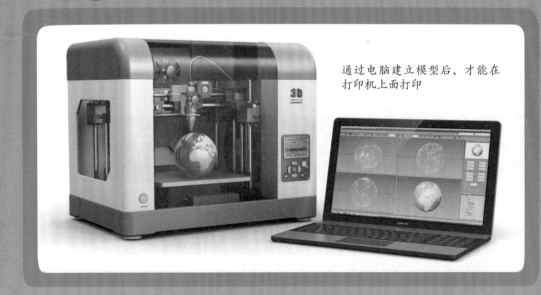

通过电脑建立模型后，才能在打印机上面打印

3D 打印的实现可以为我们带来什么 ✕

如果说任何物体的任何信息都可以精确地存在电脑里，通过电脑控制各种规模的打印机，用不同的材料打印出来，那么就可以打印出不同的工业产品：从家里的用具、身上的衣服，到纳米级别的微电子器件、高达几百米的摩天大楼，甚至有生物活性的人体器官。这已经不仅仅是打印技术的变革，更是人类生活方式的一次飞跃，甚至使我们眼前的这个世界完全改观。

古埃及法老图坦卡蒙国王的木乃伊复制品已按实际尺寸打印出来了，罗丹的著名雕塑《思想者》也是以同样的程序对缺损处进行了修补。这两件作品都是先由 3D 扫描仪扫描建模，然后由计算机辅助设计软件对这些 3D 模型进行切分，最后用 3D 打印机一层层叠加打印出来的。

那么，这些薄层究竟是如何被打印出来的呢？这说起来稍稍有些复杂，因为 3D 打印不止一种方式，现在属于商业用途的至少有 8 种，这些方式有些有类似的步骤，有些又截然不同。下面我们来看一看最重要的几项 3D 打印方式。

建立模型后，电脑还要将模型切分成水平薄层

如何用 SLA、FDM 或 SLS 实现印刷？

Q3

立体光固化成型法 ✕

　　3D 打印的首次尝试始于 20 世纪 80 年代。1983 年，美国发明家查克·赫尔发明了立体光固化成型法（SLA）。1987 年，SLA 技术开始应用于商业，并沿用至今。3D 打印技术最初被用于打印样机。在 21 世纪初期，由于纳米技术使接近原子水平的精度成为可能，SLA 技术得到了飞速的发展。

主要原理

　　SLA 技术的主要原理是光聚合作用。利用光敏树脂在遇到紫外线照射时由液态单体瞬间聚合成固态聚合物这一特性，在盛放液态树脂的槽里，用紫外线对光敏树脂进行扫描，使光敏树脂发生光聚合反应，形成固化的薄层。如此反复，层层固化，最终形成一件 3D 产品。

工作方式

　　打印开始时，工作台微微浸没在液态树脂中，使树脂在工作台上均匀地铺上薄薄的一层，紫外线直接照射在需要固化的树脂薄层表面，让树脂薄层发生光聚合反应而固化。一层固化完毕，工作台下降数微米，让液态树脂在固化后的薄层上再铺上薄薄的一层，再用紫外线照射，新固化的一层牢固地黏结在前一层上，如此循环往复，层层固化，直至整个零件制造完毕。

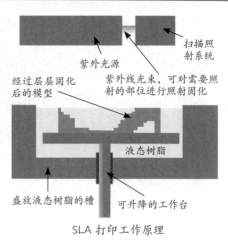

扫描照射系统

紫外光源

经过层层固化后的模型

紫外线光束，可对需要照射的部位进行照射固化

液态树脂

盛放液态树脂的槽

可升降的工作台

SLA 打印工作原理

在这里，紫外线按照设计的扫描路径，以由点到线、由线到面的顺序照射到液态光敏树脂表面，使光敏树脂凝固聚合，产生图案。

熔融沉积成型法

熔融沉积成型法 (FDM) 是 20 世纪 80 年代发明的一项 3D 打印技术。FDM 技术的成本较 SLA 低，尤其适合打印塑料等有机材料产品。

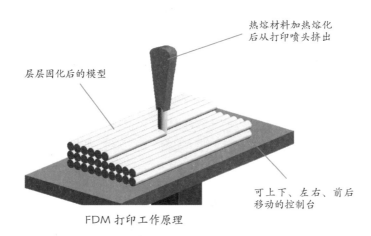

层层固化后的模型

热熔材料加热熔化
后从打印喷头挤出

可上下、左右、前后
移动的控制台

FDM 打印工作原理

FDM 的打印原理

将各种热塑性材料加热熔化后由喷头挤出，这些熔融状态的材料冷却（几乎是瞬间冷却）后便会凝固，并与底下的材料黏合在一起——也是一层一层地堆叠。

选择性激光烧结

选择性激光烧结（SLS）技术，同样于 20 世纪 80 年代研制成功。

SLS 技术使用粉末材料进行打印。使用 SLS 技术打印时，下图中左边的活塞上升，滚筒将粉末铺满工作台，右边的工作台浸没在粉末中，激光直接聚焦于目标位置，当激光打在粉末上，粉末就会与先前的固化层熔合（或称"烧结"）。当一层截面烧结后，工作台下降，这时滚动装置又会在上面均匀地铺上一层粉末，开始新一层的烧结。如此反复操作，直到整个产品在粉堆里完成。

在选材方面，玻璃、聚苯乙烯以及金属，如铁、钛、银、铝等，都是 SLS 技术的理想材料。

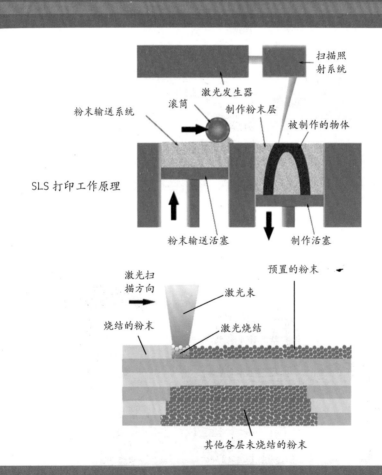

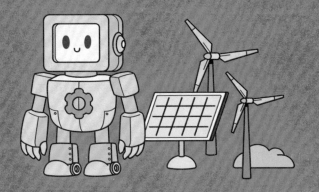

3D 打印的软肋是什么？

Q4

不管 3D 打印技术如何颠覆制造业，它还是存在一定的问题。

一是传统的 3D 打印技术会使产品留有层叠的痕迹。通过显微镜观察打印成品，其层叠的痕迹清晰可见，这说明 3D 打印的产品除了在顺着打印方向受力时显得坚固而结实，其他结构还存在诸多薄弱点。若要打印抗拉力强的机械零件，情况就不妙了，因为打印出来的零件只在一个方向具备强抗拉能力，当方向转变 90°之后，其抗拉能力就会下降 50%。

二是打印时间长。极光飞行科学公司发现，虽然 3D 打印无人机部件比在其他地方定制无人机部件快得多，但并不表示在几分钟之内就能完成打印——事实也远非如此！即使一个简单的物件，3D 打印也要花费数小时。事实上，想要在商业上大规模地使用 3D 打印技术，仍然有很长的路要走。正如美国 3D 打印公司"碳 3D"的总裁约瑟夫·德西蒙所说："3D 打印的速度太慢了！"因此，控制打印时长很关键。

德西蒙认为他已经解决了上述两个问题。他是一个高分子化学家、发明家和串行企业家（不断成立新公司的企业家），同时也是美国北卡罗来纳大学教堂山分校的教授，于 2013 年在美国硅谷创立了"碳 3D"公司，2015 年推出新型打印系统——连续液体界面制造技术（CLIP）。

CLIP利用了什么原理进行打印？

Q5

主要原理

从技术上来说，连续液体界面制造技术（CLIP）其实就是另一种形式的SLA，其主要原理仍然是光聚合作用，同样是利用紫外线照射光敏树脂，使液体树脂固化。与SLA不同的是，这里的打印件不是放置在工作台上方由下往上层层打印，而是置于工作台下方。当工作台上升并和液体槽慢慢拉开距离时，打印件就从上往下层层生长。直观看来，像是工作台从液体里面"拉"起了一个物件。

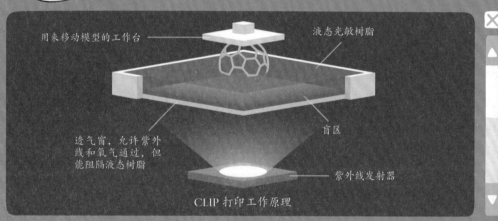

CLIP 打印工作原理

CLIP技术主要依赖于一种既透明又透气的窗口，该窗口能同时允许紫外线和氧气通过，并能控制氧气进入的量和时间。在这里，作为一种抑制剂，氧气进入后能够在树脂内营造一个盲区，这种盲区最薄可达几十微米（约为2~3个红细胞的直径）厚。在这些区域里，氧气能抑制树脂发生光聚合反应。紫外线发射器把要打印的模型的一个横截面从下方投射出去，只有在没被氧气抑制的区域，树脂才会发生固化。就这样，固化一层，工作台就会微微升起一层的高度，反复完成这一步骤，直到整个模型被打印出来。

由于这种打印方法采用的是整层范围的照射固化，因此，其各个方向的抗拉强度十分均衡，而且打印速度较传统的 3D 打印快了 25~100 倍。比如，一件产品用 SLS 技术打印需要 3.5 个小时，而用 CLIP 技术只需要 6.5 分钟！

事实很好地证明了 CLIP 技术正是 3D 打印产业发展所需的技术推动力。当 3D 打印的 SLS 技术在首次被使用时，互联网还没有出现，计算机的性能还不如现在的电子手

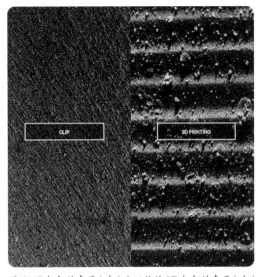

用 CLIP 打印的表面（左）比以往的 3D 打印的表面（右）平整得多

表。德西蒙及其团队的新思路预示着 3D 打印的新时代将要来临。现在，3D 打印已在全球范围内应用，惠及学校、医院甚至工商界。只要科研人员的研究步伐不停止，人类对 3D 打印技术的追求就永远不会停止！

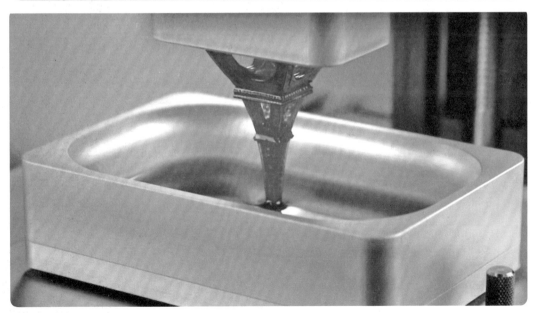

CLIP 打印机正在从液体树脂里"拉"起一个埃菲尔铁塔模型

神奇的「墨水」

初次接触 3D 打印的朋友，最容易产生怀疑的不是 3D 打印的方法，而是打印所需的"墨水"——材料。材料的质感怎么样？强度够吗？耐高温吗？或者是，有生物活性吗？

事实上，目前已经有几百种 3D 打印材料，从塑料到金属、木材、陶瓷、树脂，甚至是人体细胞！

用于 3D 打印的塑料有什么特质？

Q1

塑料分类

最常用的 3D 打印材料是塑料。塑料常以线材的形式出现，粗看和电线差不多。常见的塑料有 ABS 和 PLA 两类。

ABS 是丙烯腈、丁二烯和苯乙烯的三元共聚物，是目前产量最大、应用最广的聚合物，兼具韧、硬、刚相均衡的优良力学性能。

PLA（聚乳酸）是一种新型的生物降解材料，它由可再生的植物资源（如玉米）提取出的淀粉原料制成。

我们很容易通过气味来辨识这两种塑料：味道难闻的就是 ABS，好闻的则是 PLA。

如何用塑料进行 3D 打印

五颜六色的线材在打印机里高温熔化，然后从打印头（热胶枪）里挤压出来，就如同从冰激凌机挤压出冰激凌一样。最后，塑料冷却凝固，并与周围的材料黏结。用塑料线材打印的过程，实际上是一个"塑造"的过程。"塑造"出来的成品，可以是灰姑娘的高跟鞋，也可以是喜羊羊、灰太狼、葫芦娃等卡通玩具。

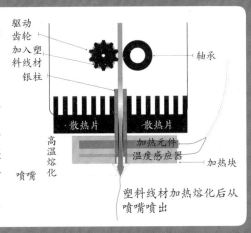

驱动齿轮
加入塑料线材
银柱
轴承
散热片　散热片
高温熔化
加热元件温度感应器
加热块
喷嘴
塑料线材加热熔化后从喷嘴喷出

如何对金属材料进行激光烧结？

Q2

金属

如果在硬度和熔点上有更高的要求，可以选用金属粉末作为原材料。

金属3D打印，采用一种叫作"激光烧结"的技术。

目前实用的激光烧结有两种：一种是金属粉末和黏结剂混合烧结，另一种是混合金属粉末激光烧结。

金属粉末和黏结剂混合烧结 ☒

将金属粉末和某种黏结剂按一定比例混合均匀，用激光束对混合后的粉末进行选择性扫描，使得混合粉末中的黏结剂熔化，并将金属粉末黏结在一起，形成金属零件的坯体。

由 DMG MORI 公司的混合式 3D 金属打印机打印后并经过精加工的金属部件（图片来源：DMG MORI）

激光喷嘴
激光束
载气
金属粉末

德国 DMG MORI 公司生产的 3D 金属打印机，金属粉末从喷嘴喷出，中间的激光束同时将金属粉末熔化（图片来源：DMG MORI）

混合金属粉末激光烧结

将两种金属粉末混合烧结，其中一种熔点较低，而另一种熔点较高。激光烧结先将低熔点的粉末熔化，熔化后的金属将高熔点的金属粉末黏结在一起。由于烧结好的零件强度较低，因此需要经过后期处理才能达到较高强度。美国得克萨斯大学奥斯汀分校的研究人员对青铜镍粉复合粉末的激光烧结成型进行了研究，成功地研制出了能够用于战斗机和导弹的金属零件。

将经过激光烧结制造出来的零件放入密闭容器中，加入高压惰性气体或氮气作为传压介质，压力可达 200MPa（约 2000 个标准大气压），再加热到 1000~2000℃。在高温高压的共同作用下，被加工的零件各向均衡受压，在提高致密度的基础上，还可获得细小均匀的晶粒组织，强度和韧性均得到提高。这好比孙悟空进入了太上老君的炼丹炉，出来后就拥有铜头铁臂和火眼金睛了。

激光熔融技术

激光熔融技术的原理：加大激光的强度，使得高熔点的金属熔化。这种由单种金属熔融、冷却制造出来的 3D 打印零件的性能超过了一般铸造件，并且逼近一般锻造件的质量。

有了金属 3D 打印，你就变成了一个全能的金匠，可以打印出手枪，可以打印出汽车配件，也可以打印出"至尊魔戒"。你只要愿意，还可以打印出周杰伦的双截棍和孙悟空的金箍棒。

用于 3D 打印的金属粉末材料

目前，用于 3D 打印的金属粉末材料主要有钛合金、钴铬合金、不锈钢和铝合金等，此外，还有用于打印首饰的金、银等贵金属。

还有什么材料可以用于 3D 打印？

Q3

木材

在 3D 打印耗材领域，德国发明家凯·帕西绝对称得上是一位传奇人物。他一个人就发明了多种性能出色或具有某些特殊属性的 3D 打印线材。

LAYWOOD ✕

在帕西开发的所有线材中，最具开创性、最流行的应该算 LAYWOOD 了。LAYWOOD 是帕西在 2012 年发布的，它是一种由再生木材和聚合物组成的复合材料。3D 打印爱好者可以用它打印出具有木质外表和手感，甚至具有木材气味的 3D 产品。根据打印温度（它的可打印温度在 175~250℃）的不同，它的色彩甚至会出现明暗变化。因此，LAYWOOD 一经推出就迷住了全世界的 3D 打印爱好者。

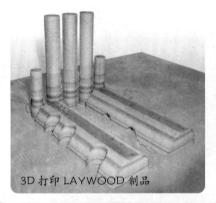

3D 打印 LAYWOOD 制品

LAYWOOD-FLEX

LAYWOOD 具有较高的抗拉强度，但仍会在足够大的拉力下破裂。而 LAYWOOD-FLEX 的抗拉强度虽较低，弹性却高得多，非常适合打印一些可穿戴物品。

用 3D 打印制造木器，就如鲁班再世，时髦的手链、镜架、纽扣，或是精美的木雕工艺品，都唾手可得，而且不需要斧、锯、刨、凿、尺、墨斗等工具。

3D 打印 LAYWOOD-FLEX 制品

陶瓷

有了 3D 打印，除了金匠、木匠，你还可以成为一名陶匠。将陶瓷粉末和黏结剂粉末混合在一起，放入 3D 打印机。由于黏结剂粉末的熔点要低于陶瓷粉末，利用激光烧结技术，将黏结剂粉末熔化而使陶瓷粉末黏结在一起，就可以打印出完美的陶器模型。再经烘干和烧结，就能做成各种陶瓷制品。

性能

陶瓷材料具有高强度、高硬度、耐高温、低密度、化学稳定性好、耐腐蚀等优异性能，在航空、航天、汽车、生物等行业有着广泛的应用。

3D 打印陶瓷制品（图片来源：Olivier van Herpt）

光敏树脂液体

前面列举的打印材料，无论是塑料线材、LAYWOOD 线材，还是金属粉末、陶瓷粉末，都是固体的，而 3D 打印还能用光敏树脂这样的液体作为原材料。

这种树脂在一定波长（250 ～ 300 纳米）的紫外线照射下，能在不到 1 秒内发生聚合反应，完成固化。与常见的对温度敏感的热敏树脂的固化时间（近半个小时）相比，可谓神速。当我们牙齿有洞，去牙医那里补牙时，牙医用的就是这种材料和技术。

光敏树脂能制作耐用、坚硬、具防水功能的零件，它机械强度高，气味小，易储存，通用性强，可以用于汽车、医疗器械、电子产品、建筑模型等部件的制作。

CLIP 打印机正在从液体树脂中"拉"制出成品

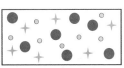

通过光照固化光敏树脂

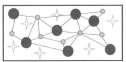

光敏树脂的固化

如何将3D打印应用到医疗领域？

Q4

生物高分子材料和人

3D打印方面最新的重大进展来自人体器官和人体细胞的打印。

聚醚酮材料

美国医学界成功地将一名患者75%的颅骨替换成了3D打印颅骨。据牛津性能材料公司透露，这个3D打印的颅骨使用了一种用于人体移植的聚醚酮材料（一类特种工程塑料）。

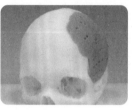
3D打印的人造颅骨

胶原蛋白凝胶材料

美国康奈尔大学的研究人员利用含有活细胞的胶原蛋白凝胶材料（这种活细胞能够生成软骨结构）和3D打印技术，成功打印出美观且实用的人造外耳。经过几天的营养介质培养，打印出的人造外耳就能用来移植，它甚至能跟人体的软骨组织融为一体。

3D打印的人造外耳

生物高分子材料 ✕

美国康奈尔大学的生物学家利用生物高分子材料打印出能在心脏内正常工作的心脏瓣膜。干细胞夹杂在高分子材料里，能够逐渐发育成人体的器官和组织。

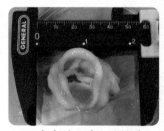
3D打印的人造心脏瓣膜

迷你肝脏

美国一家叫作 Organovo 的公司利用装有肝细胞和水凝胶的 3D 打印机，制造出厚 0.5 毫米、宽 4 毫米的迷你肝脏。打印使用的肝细胞，来自手术中切除的肝脏组织或者肝脏的活组织切片。水凝胶可以填充在肝细胞之间，形成三维结构。在打印过程中，3D 打印机逐层打印肝脏细胞和血管内皮细胞，一共要打印 20 层左右。

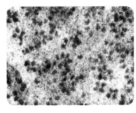
3D 打印的迷你肝脏组织
（显微放大）

具备生理机能

迷你肝脏拥有很多跟人体肝脏一样的功能，比如将激素、盐和药物运送到身体各处的蛋白质中。血管内皮细胞负责为肝细胞提供养分和氧气。添加血管内皮细胞后，迷你肝脏能够存活 5 天甚至更长时间，并产生清蛋白、胆固醇和解毒酶细胞色素，具备真正的生理机能。

人类胚胎干细胞

2013 年，来自英国的研究人员首次用人类胚胎干细胞进行了 3D 打印。人类胚胎干细胞在再生医学领域一直备受关注，这些由早期胚胎发展而来的干细胞，拥有分化成人体各种细胞的能力。如何无损并可控地让胚胎干细胞形成人们所需的三维结构，一直是生物医学界的难题。

3D 打印的胚胎干细胞

研究人员使用了一种专门为胚胎干细胞定制的"气动打印技术"。在实验过程中，胚胎干细胞和培养液被事先存放在 3D 打印机的两个独立容器里。然后通过开关气阀控制打印出的一个个球状细胞团。每个细胞团由 5~140 个分离的细胞组成，其直径在 0.25~0.60 毫米。只要改变气阀的喷嘴直径、进口气压和阀门的打开时间，就可以非常精确地控制细胞的数量。

3D 打印技术发展的核心不在于打印，而在于材料。只有材料技术发展了，3D 打印技术才能进一步普及。

玩转家用 3D 打印机

Q1 买 3D 打印机需要注意什么？

Q2 如何获得 3D 模型和打印？

M3D

有没有家用的 3D 打印机呢？当然有！

2016 年的家用 3D 打印机，价格大概在 350~3000 美元。有些家用 3D 打印机是以组件的形式发货，用户需要自己组装（DIY）。有些是傻瓜打印机，买回来插上电源，下载 3D 素材后，拖动电脑桌面的小标记就可以打印了。

买 3D 打印机需要注意什么？

购买 3D 打印机的注意事项 ☒

1. 打印尺寸。目前市场上绝大多数家用 3D 打印机都只能打印比较小的东西，如果要打印像 iPad 这样大小的物体，恐怕大多数打印机都不能胜任。

2. 打印精度。包括每一层的厚度，长、宽以及方向上的定位精度。

3. 打印材料的种类。绝大多数 3D 打印机采用 ABS 和 PLA 材料。ABS 是一种工程塑料，打印时有气味；PLA 是一种生物降解材料，它没有 ABS 的种种问题，是目前世界上最为流行的 3D 打印耗材。

买回一台 3D 打印机，根据说明书安装好，接下来就是考虑 3D 模型软件使用的问题了。

任何物件的 3D 打印都需要先把物件的形状转换成计算机语言，就是"3D 建模"。目前不论哪种 3D 打印，建模生成的文件最常见是 STL 格式的，这是图像处理领域的行业标准。

如何获得 3D 模型和打印?

Q2

取得 3D 模型有三种途径

1. 从网上的模型资料库免费下载。下载的网站可以在搜索引擎上找到,现在最常用的网站是 thingiverse.com。

2. 通过建模软件生成。现在有很多可供建模的专用软件,如 CAD 软件,如 AutoCAD、3Dsmax,还有新版的 Photoshop CC,都可以导出 STL 格式。

3. 通过 3D 扫描生成。艺术品、人像等的复制需要 3D 扫描。

美国得克萨斯州的 Captured Dimensions 公司的 3D 建模由 60 台摄影机同时拍摄(图片来源:Captured Dimensions)

thingiverse.com 有几十万个 3D 模型可供下载

Intel RealSense 平板电脑的 3D 扫描

平板电脑的 3D 摄像头

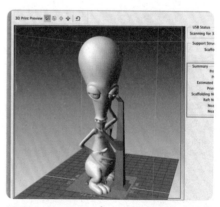

用 Photoshop CC 建立的 3D 模型(图片来源:adobe.com)

3D 扫描

3D 扫描是用几十个摄影机，在不同角度同时拍摄，比如运动员的动态建模；有的是用扫描录像机录制，录制时被扫描的物体做匀速旋转；或者是手持扫描仪围着被扫描物体转动；现在有些平板电脑装有 3D 摄像镜头，可以直接手持进行 3D 扫描。

生成 STL 格式文件

建模生成的 STL 格式文件只是提供了三维模型的几何数据，这些几何数据只有转换成 G 代码，才能用于 3D 打印机的运动控制、材料挤出量控制和温度控制。这就需要 G 代码生成器。一般厂家会提供机器操作软件以生成 G 代码。

存放 G 代码

G 代码默认存放在计算机本地用户文件夹，由 G 代码发送器软件通过 USB 线传送到 3D 打印机中实时打印；也可以将 G 代码拷贝到打印机控制板的 SD 卡，这样不需要计算机控制就可以进行打印。

运动方式

家用 3D 打印机有两种运动方式：笛卡儿式和三角洲式。笛卡儿式的打印，只有上下、前后、左右六个运动方向，而三角洲式的打印，打印头可以在任意方向上迅速移动。

笛卡儿式打印机

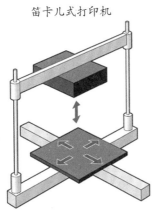

只能沿着上下、前后、左右六个方向移动

三角洲式打印机

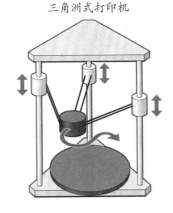

打印头可以在任意方向上迅速移动

搞定你的 3D 打印机

Q1 怎样与 3D 打印机结缘？

Q2 如何组装 3D 打印机？

Q3 初次使用 3D 打印机要注意什么？

Q4 3D 打印的流程是什么？

Q5 进行 3D 打印要做好哪些准备？

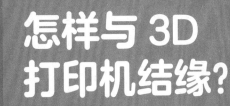

怎样与 3D 打印机结缘？

　　李敬谦是一名 11 岁的男孩，家住香港。他喜欢许多体育运动，尤其爱打棒球。他第一次听说 3D 打印机时就非常着迷，当自己真的拥有一台时，他十分激动，马上动手尝试。现在，他还设计自己的 3D 打印方案，发布在 http://tinkercad.com 上。他想在 3D 打印中成长，设计出新的东西，用 3D 打印的力量帮助世界。比如，打印出花盆等一些陶瓷制品，这样就可以不用在窑里进行烧制了。下面是李敬谦的自述。

故事的开始

　　一切都源于一个之前香港举行的"迷你创客市集"。我用"Scratch"编程工具（你可以用它拖拽不同的编程命令块，设计自己的电脑游戏）做了一个游戏，在我们科技老师的邀请下，我来到市集展示我的作品。在那里，我看到了一些很酷的参展作品，有自制吉他、性别探测仪、3D 扫描仪、双筒望远镜的视频游戏，还有 3D 打印机。那是一台已调试好的 DIY 3D 打印机，它当时正在打印一个塑料花瓶。在参观完所有有意思的摊位后，我爸爸决定购买一套 3D 打印机部件，我们可以按照在线说明书自己组装一台 3D 打印机。约 1 周后，一个装着 3D 打印机部件的箱子到了。

　　这是一个三角框架的 3D 打印机，名叫"Kossel mini"。

Kossel mini 名称的来源

　　这种打印机以德国生物化学家、基因研究的先驱阿尔布雷希特·科塞尔命名，他在 1910 年获得了诺贝尔奖。Kossel 是 2012 年在西雅图设计的，Kossel 系列包含多款打印机，Kossel mini 是最新的稳定版本。

如何组装 3D 打印机？

Q2

彩色的打印线材

组装过程

　　首先，我们要搭建打印机的主框架。顶部和底部是两个三角形框，再用三根长的金属棒竖着支撑起来。每根金属棒嵌有一个由橡胶带带动的可上下滑动的运动滑块，滑块上各装有 2 根传动斜杆，斜杆的另一头在中间打印喷头处集合，这 6 根传动斜杆组合成倒三角锥形。

　　奇妙的是，电脑控制着底部的 3 个电动机，通过皮带使 3 个运动滑块各自运动，从而带动中间的打印喷头到任意位置。

　　之后，我们在框架底部加上主板（它是打印机的"大脑"），沿着 3 根立柱拉上强力橡胶带，把电动机和运动滑块连接起来。

　　我和哥哥的工作到此就完成了。

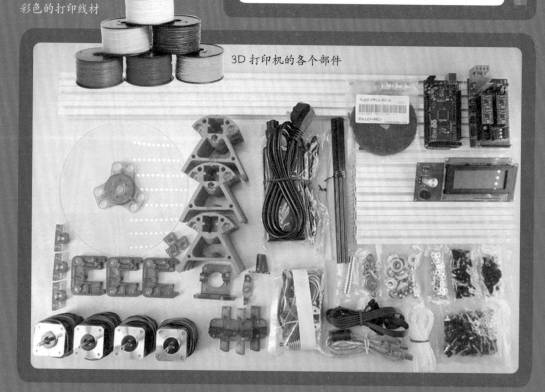

3D 打印机的各个部件

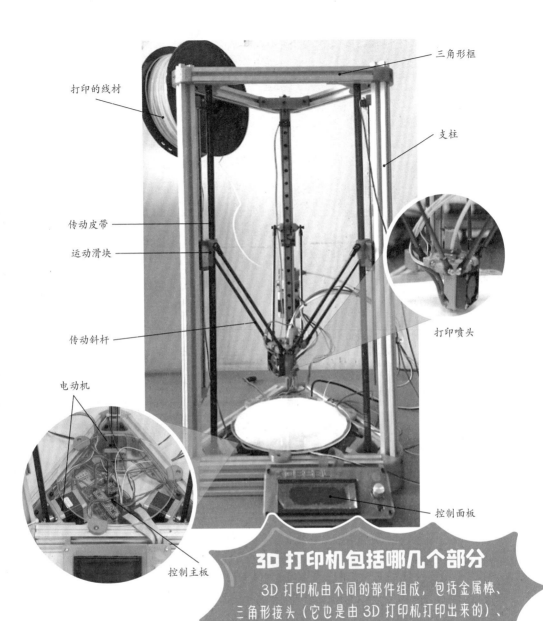

打印的线材

三角形框

支柱

传动皮带

运动滑块

打印喷头

传动斜杆

电动机

控制面板

控制主板

3D 打印机包括哪几个部分

3D 打印机由不同的部件组成，包括金属棒、三角形接头（它也是由 3D 打印机打印出来的）、电动机、电线、打印喷头、控制主板和控制面板等。

接下来由爸爸完成更复杂的工作。他把喷头和传动斜杆连接在一起。喷头是线材熔融的地方，它会按照我们设置的程序，随着传动斜杆的移动，把熔融的线材像长丝一样喷到打印托盘上。控制面板也安上了，用线连接在主板上，然后通过 USB 连接器接控制主板到电脑上。当各个部位都安装好了，我们的 3D 打印机就成型了——看起来很棒！

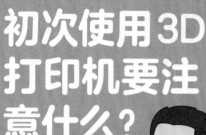

初次使用3D打印机要注意什么？

Q3

安全第一

3D打印机用起来很酷，但还是要"安全第一"。我们来说说3D打印机的安全问题。要让3D打印机打印，你需要在电动机中加入一卷线材，电动机连接的是3D打印机中心的喷头。准备打印时，喷头会开始加热，熔化里面的线材。塑料的熔点是200℃，这时的喷头非常热。打印过程中，线状的熔融线材从喷头"跑"出，堆叠成3D物件。这时，小孩子应该远离打印机，因为手指可能会被喷头烫伤。3D打印机有很多移动臂和加热的喷头，相对来说比较复杂，所以不要试图在打印时触碰任何部件，否则可能会造成伤害。

第一次没有成功

接下来的打印过程却不是很理想，它并没有按照我们预想的那样工作。传动斜杆和底部的托盘不平稳，从喷头喷出来的熔融的线材没有按照我们设想的那样堆起来。当我们通过编程指挥打印机横向走，它却会在中间开始打印，然后在右边卡住。爸爸说，我们需要重新安装所有的传动斜杆。这意味着我们要调整每一个部件，首先要拧开支撑顶部框架的所有接头，然后调整传动斜杆的位置。

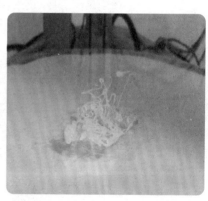

熔融的线材从喷头滴出后并没有成型

失败的打印件

校准位置

　　3D 打印机与普通打印机并不一样。首先，你需要在电脑上用 3D 打印机使用的 G 代码作为命令进行测试。比如：G28 让喷头回到"原点"，也就是打印托盘最中心的位置；G29 是在每次打印前都要执行的指令，它会让喷头在打印托盘上移动一周，感应和计算出打印托盘上不同点间的距离，这一过程就是校准。这真是复杂！我们在打印前还没有弄清所有的程序呢，结果物体没有成型，像散了架一样！

遭遇问题

✕

　　有时，我协助爸爸进行校准，经常碰到一些问题。比如：USB 没有连接上、熔融的线材把喷头堵住了、橡胶带卡住了、传动斜杆不能按预期移动或没有正确校准等。我们不得不找卖家讨论遇到的所有问题。最后，我们发现要想完成一次成功的打印，两个关键技巧必不可少。

　　1. 电动机的作用是将线材送进喷头，但我们的电机版本老旧，动力不足，无法带动整卷线材，后果就是它不能为喷头提供足够的线材，就像钢笔没了墨水。我们需要一个新的金属制的强力电动机。

　　2. 第一层熔融的线材是整个打印的基础，为了让它贴在托盘上，我们建议打印前在托盘上涂胶（来自胶棒），这样，就可以让第一层牢固地固定在托盘上。

能够将线材送进管子并进入喷头的新电动机

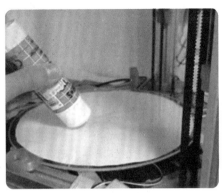

打印前要在托盘上涂胶

3D 打印的流程是什么？

Q4

熟悉电脑程序

将文件切成层

我们获取了一个 STL 格式的 3D 设计文件后，就要使用像 KISSlicer 这样的切片软件将文件切成层，输出每一层所需的 G 代码后。有了 G 代码，按下"切片"按钮，将生成一个文件。G 代码就是控制喷头走向、是否或何时喷出线材的指令语言。当然，G 代码也可以自己写，如调试 3D 打印机时需要运行的一些测试行就可以自己来写。

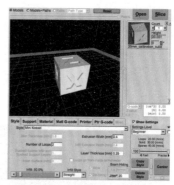

截图显示 KISSlicer 正在对一个校准方块进行切片

建好模型

在任何打印前，你都需要准备好打印对象，也就是要在电脑上建好模型。你可以在 http://www.thingiverse.com/categories 上找到很多 3D 物体的设计案例，比如图中的立方体。然后点击下载文件。

如果你真想打印自己设计的东西，你可以先做一个橡皮泥模型，然后用 3D 扫描仪扫描，再转换输出 STL 格式的 3D 设计文件。

20mm calibration cube
by lanrj, published Dec 29, 2013

从 thingiverse 下载 3D 模型

生成 G 代码

接下来，我们要用到一款名为"Printrun"的应用程序，我建议你也用它。使用 Printrun 的目的是将 KISSLicer 生成的 G 代码发送给 3D 打印机。

Printrun 打开窗口截图

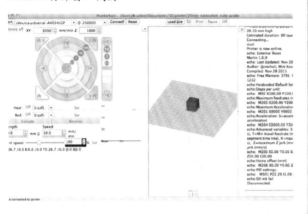

开始打印

发送完 G 代码文件，然后按下"打印"按钮开始打印。别忘了在打印之前让打印机回到初始位置。接下来，打印机喷头开始加热，这大约需要 2 分钟。等到喷头被加热到 200℃，就可以熔融线材并开始打印了。

操控方式

除了用电脑进行操控，我们还可以通过安装在打印机上的控制面板来操控。通过操控控制面板屏幕上的菜单，可以预热、启动、暂停打印机，也可以控制打印质量、打印速度。我们把电脑里生成的 G 代码文件存到 SD 卡里，并插到控制面板上的卡槽里，就可以让打印机和电脑断开，直接用控制面板来控制打印。

进行 3D 打印要做好哪些准备？

Q5

首次成功打印 ✕

　　你要对打印机有足够的耐心。我们下载了立方体的打印文件，这个立方体从我们的 DIY 打印机上打印了出来。我们也试着打印了驯鹿形状的指环。

　　后来我们知道，一旦开始打印就不能干扰，否则打印臂的不同部位会产生歪斜，熔融线材的线或层就不会一层层叠加。在打印过程中，不用观察。因为打印要花费很长时间，有时打印一个大的 3D 物件需要 12 小时。3D 打印机与 2D 的文件打印机不同，无法立刻就能打印出成品。还有，当打印完成时，不要立刻拿起成品，要等它干透并冷却。

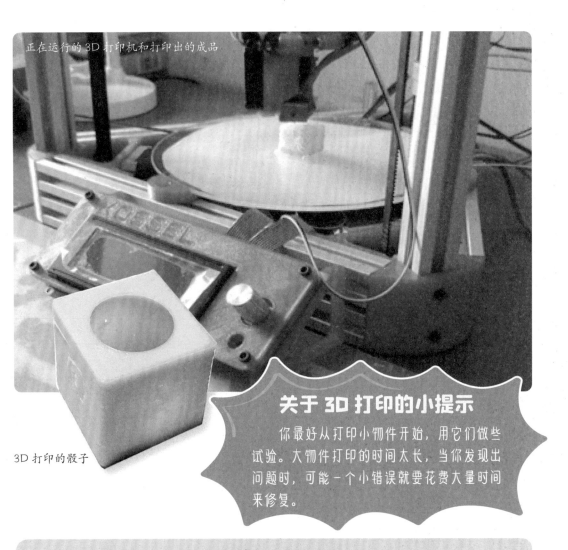

正在运行的 3D 打印机和打印出的成品

3D 打印的骰子

关于 3D 打印的小提示

你最好从打印小物件开始，用它们做些试验。大物件打印的时间太长，当你发现出问题时，可能一个小错误就要花费大量时间来修复。

经验和后记 ✕

组装一台 3D 打印机需要很大耐心，还要做大量准备工作。我们花了一年时间来搭建、调试和解决问题，这是一次和家人一起工作，为同一个目标共同努力的完美体验。

3D 打印机的潜力是无限的！你可以打印装备中缺少的零件。美国国家航空航天局正在用一台巨大的 3D 打印机为火箭制造零件！用你的 3D 打印机帮助世界吧，世界上有这么多可能性和机会！你可以用它来做很多事情：打印一辆玩具汽车、一个花盆、一个相框——总之，你可以用它来打印一切有用又好玩的东西。

3D打印改变生活

打印机
变身『大厨』

Q1 3D 打印可以应用于烹饪吗？

Q2 打印食物有多省心？

2020 年的一个夏日，大厨麦克踱着步子来到自己的"私家厨房"，今天是他开班授课的第一天。他思来想去，决定教学徒们 3D 打印！

是的，你没有听错，这真的是一位厨师的烹饪教学课。2011 年，英国研究人员开发出了世界上第一台 3D 巧克力打印机，3D 食物打印从此走进人们的生活。

3D 打印可以应用于烹饪吗？

Q1

装进"墨水" ✕

首先，3D 食物打印机里需要装进各种"墨水"——食材和配料，如巧克力酱、奶酪、面粉糊等，它们组成一个美食材料基地。计算机三维软件设计出食物的立体模型，并把这些模型存储在计算机里。当一切准备就绪，美食打印就开始啦！

开始制作

厨师先选取自己或者顾客喜欢的食物造型，3D 食物打印机会读取相应的三维设计中的横截面信息。等厨师发送"打印"指令后，计算机就开始调用食材和配料，并且调整使用的比例、颜色等，将食材和配料分别送进耗材单元里，在计算机控制下，注射器喷头把食材均匀地喷射成各个截面，一层接一层，层层叠加、黏合，最后美食就"搭建"出来了。糖果、巧克力、饺子等食物，都能像打印文件一样被机器打印出来。

层层叠加起来的 3D 打印食物

打印食物有多省心?

Q2

食物的制作方式不走寻常路,厨师们倒是省心了许多。想必大家对包饺子都不陌生,它得和面、揉面、擀皮、剁馅,最后再挨个用皮把馅包起来。用 3D 打印机"包"饺子就不一样了。3D 打印机首先打印出饺子的框架,也就是饺子皮,然后再把馅儿注入框架里。那厨师的活儿是什么呢?他们只负责把饺子煮熟。

用 3D 食物打印机来制作美食,从原材料到成品几乎一步到位,大大减少了食物的制作环节,避免了食物在加工、运输和包装等环节中受到的不利影响。同时,厨师们还能自由搭配,从而改善食物品质,制作出更营养、健康、有趣的食品。

做多少都不怕 ✕

"培根比萨,4 份!"

以前,这样的话音刚落,嘈杂的餐厅后厨立马忙活起来——不能让顾客等太久啊!将来,后厨可能要安静多了,厨师只需要按下"打印"按钮,打印机就会跳出对话框,询问厨师需要打印多少份。厨师输入数字"4",打印机就能很快把 4 份比萨打印出来。饥肠辘辘的顾客再也不用耐着性子等待,一遍又一遍地听服务员说"菜马上就来"了。

打印机里钻出来的美食

要想打印美食,我们需要一台能打印食物的 3D 食物打印机。这种打印机主要由计算机、自动化食材注射器、输送装置等几部分组成。因为有计算机的技术支持,3D 食物打印机能"记"住输入打印机里的各种食物。一次食物打印,就是一次复杂的"机器之战"。

当厨师端上 3D 打印制作出来的食物时,你可能忍不住感到怀疑,吃进肚子里的东西可不能随便开玩笑。

国际空间站里的 3D 食物打印机（图片来源：Made In Space）

3D 比萨打印机

    放心好啦！宇航员也在吃 3D 打印食物呢。美国国家航空航天局为宇航员们研发的 3D 比萨打印机里，装的是保质期很长的油和营养粉。营养粉的制造原材料是昆虫、草和水藻，保质期长达 30 年呢！宇航员进行长距离的空间旅行也不怕了。他们首先在加热板上打印出一张生面饼，然后再把番茄、水和油打印上去，最后再在表面打印一层"蛋白层"。3D 比萨打印机能最大限度地减少比萨中不健康的成分，保证宇航员吃到的比萨既美味又营养。

个性美食随心造

    用 3D 食物打印机，厨师也能设计出独特的菜肴，开发新的菜品。比如从藻类中提取蛋白质，然后用 3D 食物打印机打印成造型别致的高蛋白食品。

    厨师们已经可以利用 3D 食物打印机打印几十种食品，主要有：糖果（巧克力、果冻、口香糖、软糖等），烘焙食品（饼干、比萨、蛋糕等），小零食（薯片、小吃等），果蔬（各种水果泥、水果汁、蔬菜凝胶等），肉制品（肉酱或其他肉制品），奶制品（奶酪、酸奶等）。

高端定制
打印服饰

Q1 3D 打印的高跟鞋有什么不同？

Q2 怎样 3D 打印鞋子和珠宝？

Q3 什么是 3D 打印珠宝的意义？

Q4 如何打印一条 4D 裙？

在童话里，灰姑娘的水晶鞋是魔法变出来的。而在现实生活中，设计师们也在努力为 3D 打印开疆辟土，让它具有更神奇的魔力，打印出女生梦寐以求的造型独特的服饰或鞋子，不断满足人们的个性化需求。

英国设计师罗斯·洛夫格罗夫和 3D 打印专家阿图罗·特德斯基共同制作了一款复杂的网状高跟鞋，这双鞋子给人一种把窗帘穿在脚上的独特感受

著名设计师本·范·伯克尔设计的 UNX2 的鞋

不同的口味，不同的追求

　　"我们想推动 3D 打印技术的发展，也想改善鞋子的外形。我想设计的鞋子可能不适合日常穿着，但它的外观一定要漂亮、独特，像艺术品一样。"
　　　　　　——荷兰著名设计师雷姆·库哈斯

3D 打印的高跟鞋有什么不同?

Q1

内塔·索雷克

　　下图这双名为"火焰"的高跟鞋，是英国著名设计师扎哈·哈迪德设计制作的，使用 3D 打印机打印这双高跟鞋大概需要 24 小时。这双高跟鞋的鞋底由硬质尼龙材料打印而成，为了让这款高跟鞋穿起来更舒适，鞋面使用的是弹性较好的 TPU 氨纶材料，算是新材料与 3D 打印技术的完美结合。

英国著名设计师扎哈·哈迪德设计的火焰高跟鞋

怎样3D打印鞋子和珠宝？

Q2

索雷克在打印之前做了大量的准备工作，为了精益求精，甚至先用3D打印笔制造出一个实体模型。经过反复修改设计方案直至满意后，索雷克才开始用一台Aran-RD SLS 3D打印机打印出最后的成品。

不同的偏爱造就不同的追求，有人注重鞋子的艺术美感，有人追求鞋子的舒适度。毕业于以色列比撒列艺术与设计学院珠宝与时尚设计专业的内塔·索雷克更注重鞋子的舒适性，他借助3D打印机打印出了一款全新的弹簧减震高跟鞋。这款3D打印的高跟鞋轻盈舒适，鞋跟采用独特的弹簧减震装置，鞋底用的是光聚合物材料，可以减轻与地板间的摩擦。索雷克根据人体足部肌肉的结构和脚在不同位置的自然运动来设计鞋子的造型，以期让穿上这双高跟鞋的人有种置身云端的感觉。

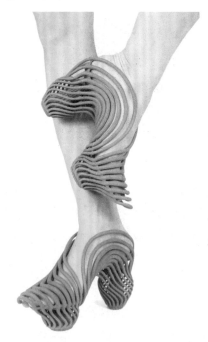

设计师内塔·索雷克设计的 Energetic Pass II

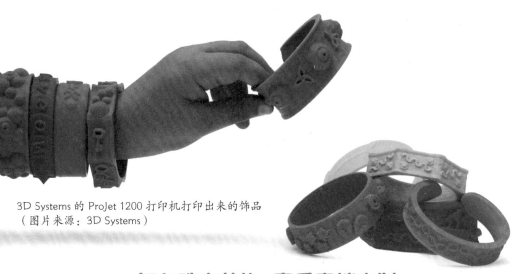

3D Systems 的 ProJet 1200 打印机打印出来的饰品
（图片来源：3D Systems）

打印珠宝首饰，享受高端定制

珠宝行业过去主要的工作方式

珠宝行业过去主要采用手工式石蜡铸造。主要工序是：先用蜡做出模型，再用耐火材料敷在外面，然后加热蜡模使铸件模型变成空壳，之后往里面浇入液态金属，液态金属冷却后就能得到成型的首饰。

珠宝制作的技术革新

×

之前的铸造方法不仅费时费力，而且需要极高的人工成本。此外，蜡模还需专门的雕蜡师傅制作，就算雕刻一枚小小的戒指蜡模，也要花费三四个小时，而且一旦出错，就得从头再来。

3D 打印技术进军珠宝行业后，给传统的珠宝制作带来了技术上的革新。刚开始，这种革新是很微小的，3D 打印机只能代替雕蜡师傅的工作，打印出精细的蜡模，但只这一点进步，就给珠宝行业节约了很多成本。因为 3D 打印机把制作蜡模的效率提高了近 20 倍，两个小时就能制作多达 10 个蜡模。

珠宝首饰 3D 打印机

全球首款珠宝首饰 3D 打印机的问世，终于彻底解放了人们的双手。3D 打印机使用可直接进行金属激光烧结的 Precious M 080 系统，能够直接打印珠宝首饰及高档手表。

什么是3D打印珠宝的意义？

Q3

3D打印技术让批量打印珠宝成为可能，也避免了出错带来的返工问题，大大提高了珠宝的制作效率。而且，3D打印机不仅能批量打印珠宝，还能打印世界上独一无二的珠宝——这才是最重要的。

美国纽约的"神经系统"设计工作室研发的个性鲜明的3D打印项链、戒指，能方便地进行个性化定制，这正是3D打印首饰的意义所在

人们喜欢独特的东西，对于婚戒这种具有特别意义的珠宝首饰，更希望它独具个性。有了 3D 打印技术，个人也可以参与到珠宝的设计中来，打造属于自己的定制珠宝。以前，珠宝制作是一项技术活儿，得到的成品就算不满意，也很难再修改。现在通过计算机上的直观图像，可以看到最终的成品效果，有不满意的地方还可以在电脑上修改，得到满意的数字模型后，再用 3D 打印机打印，这样就可以减少遗憾。

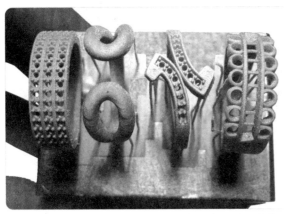

3D Systems 的 ProJet 1200 打印机打印的饰品（图片来源：3D Systems）

Nervous System 的 3D 打印银项链

57

如何打印 一条4D裙?

Shapeways 和 Nervous System 合作打印出来的
4D 裙子（图片来源：Nervous System）

4D 裙——可变化的神奇裙子

4D 打印连衣裙是在 3D 打印的基础上发展起来的。普通的 3D 打印物品都是一成不变的，而 4D 打印连衣裙却能在设定时间内变成其他的形状，这是它最不可思议的地方。

这款 4D 裙由美国纽约的"神经系统"设计工作室研发。他们用一种能自动变形的材料，通过 3316 个连接点把 2279 个三角形连在一起。打印这条裙子用了 48 个小时。

为了打印这款 4D 连衣裙，"神经系统"设计工作室的设计师们进行了很多创新，也克服了很多困难。他们开发了一款全新的软件，用来将电脑中尺寸本来很大的数字 3D 模型进行折叠压缩，以便充分利用 3D 打印机内的空间。衣服从打印机中出来时，呈压缩的状态，但很容易自动恢复成预期设计的形状。

"这种压缩设计不仅使产品设计变得更容易，也使运输更为方便。它可以使用现有的小型打印机打印大尺寸物体。""神经系统"设计工作室创意主管杰西卡·罗森克兰兹说。

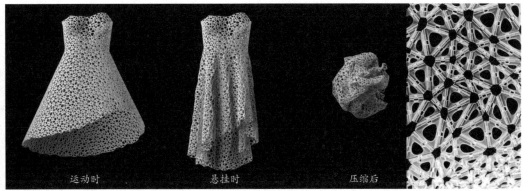

4D 裙的三种状态和"布料"的细节

扫描人体数据

打印 4D 裙还有一项必不可少的准备工作，那就是需要用 3D 人体形态扫描仪扫描出人体的数据，这是打印 4D 裙的基础。"神经系统"设计工作室还研发出一个应用程序，可以对客户的身体进行 3D 扫描，得到需要的数字模型，然后再选择布料、尺码和形状，这样就可以为客户量身定制世界上独一无二的 4D 打印连衣裙了。

试穿

4D 裙打印完成后，为确保它的舒适度，设计师还会用数周时间将打印出来的连衣裙安排试穿，以便第一时间发现裙子可能带来的不适感。其实，打印裙上的三角形与连接点之间存在拉力，让衣服能随人体形态发生变化，不管穿衣的人变胖还是变瘦，4D 裙都不会存在不合身的情况。

3D 打印技术正在蓬勃发展，如果它能像手机那样普及，我们的生活又该变成什么样子呢？可以想象一下，我们身穿打印裙，脚踩打印鞋，身上还佩戴打印的珠宝首饰。这一身行头，无论走到哪里都是被关注的焦点。衣食住行所需的东西，3D 打印都能帮我们打印出来，可以说，3D 打印已经承包了我们未来的生活。

住进 3D 打印的房子

Q1 如何将 3D 打印用于建造房屋？

Q2 环保打印材料有什么优点？

3D 打印的 Echoviren 亭。墙面实际上是在模仿绿色植物的木质部和韧皮部造型，它由生物可降解塑料制作，适合苔藓、昆虫、小鸟生存

如何将3D 打印用于 建造房屋？

Q1

2013 年，世界上第一座 3D 打印建筑体 Echoviren 亭出现在美国加利福尼亚州的一片森林里。这是一个汇集了艺术家、设计师、制造者的实验性跨学科项目，设计团队花了约 1 万个小时来打印它，然后又花了 4 天时间来组装它。这个建筑一共打印了 585 个部件，不过，组装好之后，它的外观看起来更像一个半透明的围场。这个项目迈出了 3D 打印建筑关键性的第一步：根据个人需求对每一块建筑部件进行精细的设计及打印，然后在施工现场将这些打印的部件组装起来。

起步是艰难的，把 3D 打印用于建造房屋，这本身就是一个艰巨的挑战。所幸，越来越多的人不断加入这项挑战。2014 年，上海张江高新青浦园区里已经出现了全世界第一批利用 3D 打印技术制造的实体建筑。建造这 10 幢房屋，才花了一天一夜的工夫，每幢约 200 平方米的房屋好像是从地里"长"出来的一样。3D 打印房屋技术的成熟度、打印速度和组装速度已经大大提高。

环保打印材料有什么优点？

Q2

一起"搭积木"

如果把房子分块打印，然后以搭积木的方式组装，那么就是在一定程度上革新了原有的建筑方式，建房变得简单了！

打印"积木块"。房屋主体部件是由大型 3D 打印机喷制而成的。在电脑的指挥下，巨大的喷头不断地喷出灰色"油墨"，"油墨"照着电脑中的 3D 模型层层排列，堆叠成墙体部件。每层"油墨"通常有 10 厘米厚，从喷头喷出后能快速凝固。

"搭积木"。房屋的主体部件打印完成后，被运往建筑工地进行快速组装，工人们成了名副其实的"积木搭建工"，施工现场只需要极少的人手。

整体直接打印 ✕

如果打印"积木块"加"搭积木"的方式还不能体现 3D 打印技术整体设计、分层打印的特点，那么建造一个巨大的 3D 打印机，对建筑进行逐层整体打印则能完美体现这一特点。

搭建巨型 3D 打印机。在施工现场直接搭建 3D 打印机，调制打印用的材料并装入储备罐。

分层打印。施工人员用电脑控制大型 3D 打印机，分层打印整个建筑，不再采用"分块打印 + 现场组装"的方式。

美国明尼苏达州的一户人家在自家院子里打印的 3D 小城堡，每层的打印厚度仅有 10 毫米。他们的目标是把每层的打印厚度降到 5 毫米，以使城堡的外观更细致

打印"油墨"

3D打印建筑的打印"油墨"也可以很不一般，它的制作材料甚至可以是建筑垃圾。建筑垃圾被处理、加工、分离，经过特殊的玻璃纤维强化处理，变成了特殊的混凝土"油墨"。这种混凝土的强度和使用年限理论上要大大高于传统的钢筋混凝土。

多元环保的打印材料

用3D打印技术建房绝不是博眼球那么简单。3D打印建筑的一大目标就是要保护生存家园的环境。随着城市化进程的加快，许多城市在大批量地建房。据推算，建筑垃圾的数量已经占城市垃圾总量的1/3以上，每年以数亿吨的速度在增长，污染环境，影响人们的生活。

环保打印材料的优势   ✕

回收建筑垃圾、工业垃圾、尾矿，把这些废物变成新型的建筑材料，为建设新房出力。这一来可在一定程度上解决环境中的大难题，二来节省建筑材料，三是对人工的需求也大大降低，四是3D打印不会制造新的建筑垃圾。另外，建筑工人的工作也变得轻松许多，建造和装修一座房子所需要的成本也大大降低。菲律宾政府已经批准了一项专门的面向低收入人群的住房计划，其中就包含利用3D打印建筑为菲律宾当地低收入居民建造一定数量的住房。

相信3D打印建筑技术一定会不断地改进和发展，与传统建筑方式互为补充，共同为建筑界贡献力量。说不定在不久的将来，建筑师们都会用到3D打印技术呢！世界上也将会有更多的人住得起房子。

3D打印机正在喷出混凝土

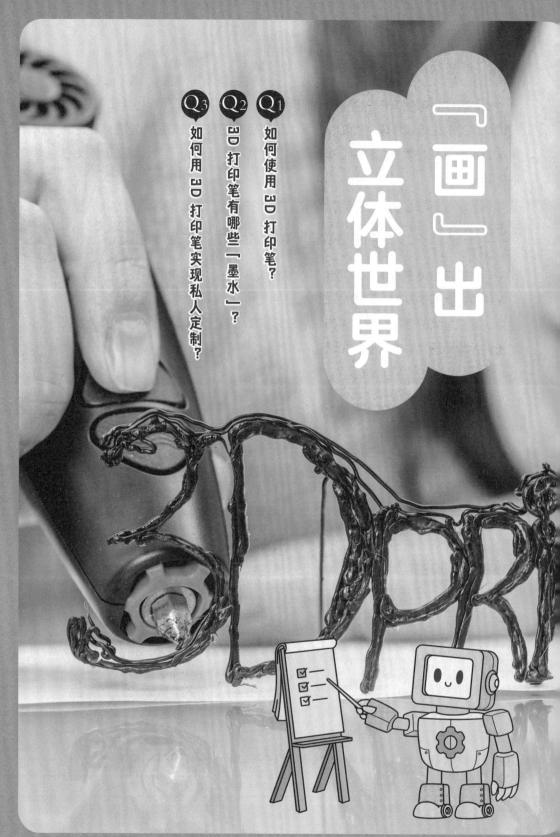

「画」出立体世界

Q1 如何使用 3D 打印笔？

Q2 3D 打印笔有哪些「墨水」？

Q3 如何用 3D 打印笔实现私人定制？

如何使用 3D 打印笔?

"技术控"们恨不能让自己目之所及的一切都变成立体的,连平日里在纸上写写画画的笔,现在也能制成 3D 效果的了。我们终于有机会当一回童话中的"神笔马良"了!

3D 画笔制作的模型冷却成型

"神笔"让画成真 ☒

3D 打印笔首先需要接通电源,给笔内的"墨水"加热。达到一定温度后,使用者就可以操控笔上的按钮,让笔尖喷射"墨水"来写写画画了。用笔的同时,位于笔上端的大风扇还会对"墨水"进行冷却,让"墨水"迅速凝固。这样就可以一笔一笔地把立体模型搭建出来了。

在 3D 打印技术的推动下,世界上第一支具有 3D 打印功能的神笔诞生了。它神到连书写的地方都随你自己定,桌面、墙壁、玻璃、石头,甚至空气都能当它的画纸;用它画完后,你能立刻把成品取下来。

研究者把 3D 打印机打印端的技术放进了笔里,让它接通电源就能进行操作。虽然不能连接电脑,通过电脑软件来预设图形,但 3D 打印笔轻巧灵活,可以给酷爱涂鸦和创作的人更多的随心发挥的空间。

3D打印笔有哪些"墨水"?

Q2

不寻常的"墨水"

3D打印笔能画出立体物件来，不同寻常的"墨水"是一大功臣。像3Doodler，它给用户提供了两种打印"墨水"——PLA塑料和ABS塑料，这跟一些3D打印机所使用的打印材料是一样的。

ABS 塑料 ✕

ABS塑料是人们生活中最常见的塑料之一。它是工程塑料的一种，稳定可靠，强度大，硬度也大，还具有相当的"忍耐力"——耐冲击、耐热，所以ABS塑料常常被做成零件或者外壳材料。再加上ABS塑料有很多种颜色可供选择，如象牙白、深灰色、蓝色、玫瑰红等，用它来进行3D打印还真是不错的选择。

PLA 塑料

PLA塑料更加环保。PLA塑料也叫聚乳酸，是一种生物可降解聚合物材料，它的制作原料是糖、淀粉、纤维素等生物材料，这些材料经过发酵变成乳酸，再聚合成聚乳酸这种高分子材料。把PLA塑料埋进土里，6～12个月后它就可以降解成二氧化碳和水。

PLA 塑料的利与弊

PLA塑料熔化后容易附着和延展，而且收缩率比较低，可以打印尺寸较大的模型。不过，PLA塑料的质地比较脆弱，不能用来制造器具的手柄或者容易拆卸的物件，也不适合做成薄的物品。

干细胞墨水

不过，3D 打印笔具体用什么"墨水"还得看成品的功能和工作对象。医生的 3D 打印笔的"墨水"就完全不一样。澳大利亚伍伦贡大学研制出专门用来做骨外科修复手术的 3D 打印笔 BioPen，它用的"墨水"是一种另类的干细胞。

另类的干细胞"墨水"

这种干细胞是用海藻酸、海藻萃取液等多种生物高聚物培养而成的，细胞外附有一层凝胶保护层。

3D 打印笔 BioPen 在医学领域的应用

PLA 复合纤维

科学家还使用新型的 PLA 复合纤维（用粉末状的金属、石材和木材与普通的 PLA 纤维丝混合制成）、光敏树脂、不锈钢粉末、钛 - 陶瓷复合材料等各种层出不穷的新材料来玩转 3D 打印。什么时候这些材料能真正用到"笔"上，真是令人向往！

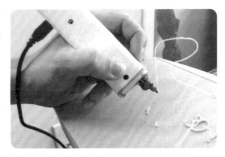

设计师正在用 3D 打印笔制作连衣裙

色彩缤纷的 3D "手绘"模型

如何用3D打印笔实现私人定制？

随心私人定制

除了带来与众不同的涂鸦乐趣和无限的新鲜感，3D打印笔也能切切实实地为人们的生活服务。它能干的活儿还真不少，比如焊接、修复、切割、创制个性化物品和进行艺术设计等。

3DSimo mini

来自美国的3DSimo mini打印笔就是个多面手。它可以与手机相应的App连接，用户可以根据自己的需要选择配置材料、打印温度和打印速度。不需要进行3D打印的时候，只要加热笔尖就可以在木板上过一把热绘的瘾，烧绘出深色的装饰线条和图案，把砧板、擀面杖、木家具等变得独一无二。焊接的活儿也难不倒它，3DSimo mini打印笔的笔尖只需要10秒就能被加热到490℃，转眼就能变成修补小能手。另外，人们还可以用它的切割头切割出任何形状的海绵。

服装设计

服装设计也不在话下，设计T恤衫已经算是相当基础的应用了。中国香港的设计师以贝壳为灵感，花了3个月时间用3D打印笔制作出了一条连衣裙。设计师首先制作了一个纸质的模板，裁出了连衣裙的形状，然后才在模板上"画"起来。除了衣服两侧的搭扣，连衣裙的各部分都是3D打印笔画出来的。

随着技术和创意应用的发展，3D打印笔一定能给热爱创意的人们带来更多的DIY乐趣，定制出更多独一无二的好产品来。

迷你 3D 打印笔 LIX

3D 打印笔 LIX，它的外形科技感十足，身长 16.38 厘米，直径为 1.4 厘米，质量只有 34 克。给这支铝制的 3D 打印笔插入长 10 厘米、由植物制造的纤维丝棒，LIX 打印笔会把纤维丝棒加热到 150℃，然后就可以画画了。一根纤维丝棒大约可以维持 2 分钟的绘图作业。

有了这些神笔，制作立体模型就是信手拈来的事情了。你可以不再依赖透视，直接在纸上画出一个正方体、三棱柱，或者勾勒出动物的逼真造型，也可以在纸上写下自己的名字，然后直接取下来当名片递给别人……

SHARE THIS EXPERIENCE WITH US

LIX 的身材更加苗条，是不折不扣的 3D 画笔

创新宠儿 3Doodler

最吸引大家眼球的 3D 打印笔大概是 3Doodler。它面世的时候曾轰动一时。它采用的新技术和使用效果都让人耳目一新。3Doodler 用 LED 灯来提示温度的上升情况。亮起红灯表示内部正在加热，亮起蓝灯或者绿灯则表示打印温度合适，可以使用了。为了让 3Doodler 更加人性化，研究者又给它"减肥"，进行优化改造。新的 3Doodler 体积更小，和普通的记号笔大小差不多，质量只有 50 克。因为有好的塑料传动系统，所以它使用起来更加流畅，省电又安静，并且可以通过改变温度来调节塑料热熔后的流动速度。

3Doodler 经过"减肥"后，更轻巧、更美观，多了些画笔的感觉

3D 打印助力医学

救护动物好帮手

Q1 3D 打印如何使鹈鹕得到救治？

Q2 如何运用 3D 技术救助动物？

在大连森林公园里曾经有一只可怜的断喙鹈鹕，不仅吃饭成了问题，还被同伴当作异类而备受欺负。虽然它被工作人员以填食的方法隔离饲养，但孤独、自卑还是令它郁郁寡欢、日渐消瘦。

3D打印如何使鹈鹕得到救治？

Q1

效果不佳的救治

其实，在救护这只喙部受伤的鹈鹕的初期，工作人员曾使用铝箔片对它的上喙进行固定。然而没过多久，安装的铝箔片就出现了松动，工作人员不得不对鹈鹕进行第二次手术。这次，人们在鹈鹕的上喙部左右两边各钻了两个孔，用细铁丝穿过，将铝箔片固定住。不幸的是，仅仅持续了两个月，细铁丝又断开，铝箔片再次松动脱落。

这只喙部受损的雄性鹈鹕无法捕鱼，甚至无法梳理自己的羽毛，基本丧失了求偶条件，别的鹈鹕也会欺负它

运用 3D 打印救治

工作人员在经过多次救护仍效果不佳时，决定尝试采用最新的 3D 打印技术挽救这只可怜的鹈鹕。技术人员选用耐腐蚀、防生锈、坚固耐用的尼龙材料，运用 3D 打印技术打印出与鹈鹕喙部的天然纹路完全吻合的夹板，并上下固定住喙部，再用白钢螺丝钉铆住夹板。就这样，3D 打印以其高精密度、容易定制等特点，最终帮助这只鹈鹕恢复了正常的张嘴、采食功能，获得新"嘴"的鹈鹕又可以和伙伴们愉快地玩耍了。

工作人员用不易生锈的白钢螺丝钉铆住 3D 打印的夹板

成功接受3D 打印"私人定制"救助服务的鹈鹕，已能正常生活

如何运用 3D技术救助动物？

Q2

动物生存所能依赖的大多仅限于自己的身体，一旦身体受到伤害，就只能默默地走向生命的终点。作为能制造和使用工具的人类，使用恰当的工具给予受伤的动物及时的救助，是带给它们第二次生命的关键所在。

3D打印技术作为走在科技前沿的代表性技术，逐渐应用于医疗领域，自然也受到动物救助行业的青睐。就目前的发展来看，在打印动物器官、救助动物方面，3D打印已经表现出很大的优势。

救助小企鹅

波兰华沙动物园曾有一只小企鹅的喙部断裂。工作人员通过3D扫描相同大小的企鹅的喙部，建立了精准的3D打印模型，并用不同的材料进行3D打印，方便快捷地解决了企鹅的断喙问题。

救助小白鸭

美国田纳西州羽毛天使保护区有一只叫Buttercup的小白鸭，左脚因畸形被切除。工作人员使用3D打印技术，设计并打印了一只硅胶鸭脚，使它重新站了起来，并和其他正常的鸭子一样自由活动。

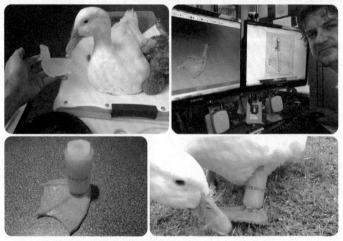

工作人员为失去左脚的小白鸭设计的硅胶假肢。在3D打印假肢的帮助下，小白鸭又能和伙伴们一起正常觅食、玩耍了

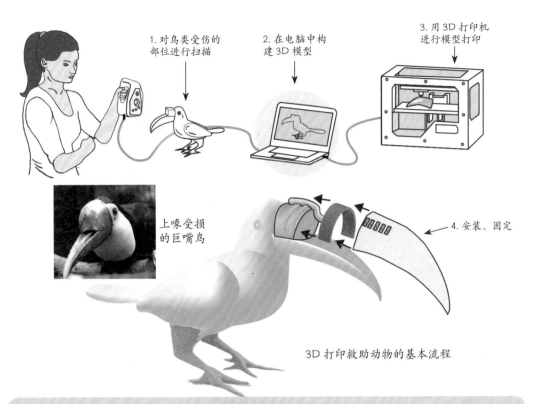

1. 对鸟类受伤的部位进行扫描

2. 在电脑中构建 3D 模型

3. 用 3D 打印机进行模型打印

上喙受损的巨嘴鸟

4. 安装、固定

3D 打印救助动物的基本流程

器官打印 ✕

目前，打印软组织的实验已在进行，这是器官打印的进一步发展。通过 3D 打印制造出来的血管和动脉正在试用于手术中。这样的技术同样也可以为患病的动物，特别是珍稀动物，提供更为有效的治疗。通过 3D 打印技术制造的器官可以缓解器官供体短缺或防止出现排异等问题。精确打印出来的器官，其外形和功能几乎与原来的一样，这样就可以给濒临灭绝的动物更多生存的机会。

打印实验模型

当然啦，日趋完善的 3D 打印技术在动物救助实验方面会得到更为广泛的应用。比如可以通过打印实验模型以保障动物的权益，研发人员希望可以直接在一些不具生命的、更接近人体的实验体上进行实验和改良，以取代动物实验，这样不仅能获得更快的反馈结果，同时还能显著降低临床实验的成本，并使动物的权益得到有效的保障。实验体可以更准确地模拟药物的反应，有助于从中选择更安全、更有效的药物及疫苗，这对药物研发和毒性测试都非常有价值。

相信在未来，3D 打印技术在动物救助方面产生的巨大影响将不可估量。

打印机孕育生命奇迹

Q4 3D 打印可以创造什么奇迹？

Q3 如何让 3D 打印器官「活」起来？

Q2 如何打印一个肾脏？

Q1 如何进行生物打印？

3D 打印可供移植器官 ☒

　　据统计，全球平均每10分钟左右就有一名患者加入等待器官移植的队伍中。但对于医生来说，找到与患者匹配的捐献者却是非常困难的，这也正是医生将目光投向 3D 打印技术，希望通过这种方式打印出可供移植器官的原因。此外，研究人员还可以研究药物对 3D 打印组织和器官的作用。

　　"目前在打印方面已经有许多进步。"美国维克森林大学再生医学研究所主任、维克森林大学泌尿外科教授安东尼·阿塔拉博士这么认为。阿塔拉博士是执业医生，也是再生医学领域的研究人员。他目前的工作重点是培育新的人体细胞、组织和器官。

如何进行生物打印？

生物打印 ☒

　　3D 打印技术应用于制造活体组织的过程被称为"生物打印"。一般情况下，为了达到生物打印器官的目标，研究人员会采用特殊的步骤。首先，研究人员必须确定他们想要制造的组织或器官的关键结构的元件。然后，研究人员要为 3D 打印机创建一个在实验室内生成组织或器官的计划。在创建计划后，研究人员接着收集或分离成体干细胞或胚胎干细胞（胚胎是指从受精的一刻开始，婴儿发育的第一阶段）。干细胞是能发育成人体中特定组织或不同类型的器官的细胞。

如何打印一个肾脏？

Q2

三维立体结构的形成

活的干细胞呈小圆球状，它们被称为"球状体"，由数以万计的培养细胞组成。研究人员将这些细胞装入 3D 打印机的墨盒中，这些细胞就是打印用的"生物油墨"。接下来，研究人员用胶原蛋白、明胶或是一些水基凝胶（水凝胶）在打印室中铺上一个胶质单层，这种胶质单层称作"生物纸"。在这张生物纸上，研究人员开始滴加生物油墨，随后再铺上另一层生物纸，再打印，这两个步骤交替进行。当生物油墨中的细胞开始融合，细胞团之间的生物纸融化消失后，这些细胞就会形成一个三维立体结构。

细胞被"编程"

在自然的生理过程中，生物油墨球状体中的干细胞自动按照正确的结构排列，从而生成特定类型的组织或器官。创立美国器官创新生物技术公司的理论物理学家、生物工程学家贾博尔·弗加斯博士解释了出现这种现象的原因：在复杂的组织或器官数百万年的进化过程中，细胞已经被"编程"了。

生物打印过程

干细胞被放入培养皿中分裂和复制

生物油墨被放入 3D 打印机的墨盒中

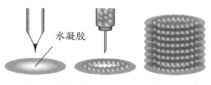

先打印一层生物纸（凝胶膜），然后再在上面打印细胞层，层层堆叠

生物油墨中的细胞开始融合，而生物纸融化消失，形成一个有生命的三维立体结构

打印一个肾脏

事实上，在几年前的 TED 演讲节目中，阿塔拉博士就演示了被装入 3D 打印机的细胞是如何形成肾脏的。当阿塔拉博士向观众讲解时，另一位科学家同时在后台监测肾脏的 3D 打印过程。在阿塔拉博士演讲开始前，这位科学家已经把由细胞组成的生物油墨装入了打印机墨盒，打印机在每一层的适当位置滴下细胞，逐层打印，最终形成三维肾脏的结构。当然，这个肾脏结构还不是具有功能的器官，因为它不含有维持其存活的血管。但是，这项技术展示了如何利用 3D 打印机创造一个复杂器官的过程。"打印一个肾脏大约需要 7 个小时。"阿塔拉博士说。

阿塔拉博士在演示肾脏的打印

"我们已经研制出更好的打印机，它们更先进，并且在技术上遥遥领先。"阿塔拉博士接着说，"不过，我们截至目前仍然没有将打印出的组织植入患者体内。从根本上讲，打印机只是将技术放大的工具。在你向打印机输入打印信息前，学会制造人工组织仍然是必要的。我们已经能把人工制造的组织植入患者体内，如今，我们正试着按照同样的方式将 3D 打印制造出的组织移植给患者。"

如何让 3D 打印器官 "活" 起来?

Q3

打印之路充满挑战 ✕

打印之路充满挑战

虽然科学家已经打印出组织和器官,但仅限于小且简单的结构。目前这些组织或器官里还没有密布的血管网络滋养以维持生存。当为组织和器官配备血管网络时,需要一个被称作"血管生成"的步骤。

欧盟支持的研究项目 ArtiVasc 3D,能够在微米甚至纳米尺度上打印出血管组织(图片来源:Fraunhofer ILT)

寻找创建血管的方法

为了寻找创建血管的方法,研究人员开展了新的竞赛,以支持 3D 打印制造出真正的组织和器官。科学家已经能使用多种 3D 打印技术创建简单的血管网络,给组织细胞提供营养,维持它们的生存。来自澳大利亚的悉尼大学和美国的哈佛大学、斯坦福大学、麻省理工学院的一组研究人员称,他们通过生物打印成功地制造了具备功能的毛细血管网络(非常细小的血管)。这个成功意味着科学家距离利用 3D 打印技术打印出复杂器官的目标更近一步了。

血管生成

血管生成这一步骤非常重要,因为血管能为组织和器官提供营养物质、氧气和有助其生长的物质等。此外,血管还为细胞提供了一条清除废物的通道,以使它们能够正常地工作和生长。对于复杂的器官,如心脏、肝脏和肾脏,这个过程尤为重要,因为这些人体内部的重要器官不能在缺少血管网络的环境下生存。

人体的主要器官都是由组织细胞和交织在组织细胞里的动脉、静脉、毛细血管组成（右图）。血管能为器官的组织细胞提供营养物质、氧气和有助其生长的物质，同时带走组织内产生的废物（下图）

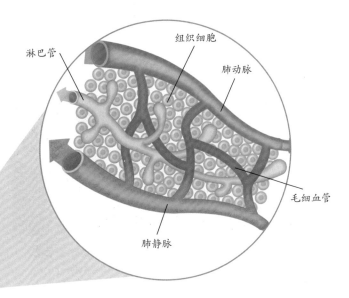

淋巴管
组织细胞
肺动脉
毛细血管
肺静脉

3D 生物打印机

    总部位于中国成都的一家生物技术公司推出了一款可以利用生物油墨（包括多种细胞、生长因子和营养物质）来打印血管系统的 3D 生物打印机。据科学家介绍，这种生物打印机可以打印出血管系统用于修复器官，甚至直接创建新的器官。

    一般情况下，科学家可以利用 3D 喷墨、微挤压和激光打印机来打印组织和器官。3D 喷墨式生物打印机产生一些含有生物材料的液滴。3D 微挤压生物打印机则与其不同，它允许生物材料连续地从打印机的喷嘴流出，到达打印模具的指定位置。3D 激光生物打印机使用脉冲激光束来转移细胞，并用一张收集片来支撑生物材料。研究人员可以使用这些生物打印机和计算机辅助设计软件来制造外科修复手术中使用的各类身体器官或组织。

3D 打印可以创造什么奇迹?

Q4

3D 打印的肾脏组织

除了肝组织，Organovo 公司还在生产 3D 打印的肾脏组织，用于药物治疗试验和疾病发展监测。基于患者对移植器官的真实需求，研究人员的主要目标是创造出真正的（功能全面、结构复杂）可向人体移植的器官。据统计，人类移植器官的短缺已成为全球性问题。

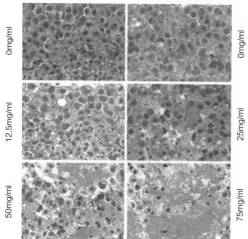

进行药物毒性试验的 3D 打印人体肝脏组织

正常肝脏组织　　　3D 打印肝脏组织

毒性药物浓度 0mg/ml

毒性药物浓度 0mg/ml

12.5mg/ml

25mg/ml

50mg/ml

75mg/ml

3D 打印的肝脏组织能够维持功能长达 40 天，让研究人员有充足的时间在实验室中观察对它施加不同剂量的药物后的反应

疾病诱导测试

制药公司使用 Organovo 公司的 3D 打印肝组织片层进行疾病诱导测试，追踪疾病的发生过程，并在进行人体试验前测试药物的毒性和药效。"我们的 3D 打印组织能够维持细胞功能长达 40 天。"Organovo 公司组织应用研发部主管德博拉·阮博士说，"它开启了一个窗口，让研究人员可以在实验室中观察长期和高剂量用药的反应，这是在细胞层面无法做到的，因为细胞只能存活 3 ~ 4 天。这令药物的临床前测试发生了很大改变。"

研究人员正在操作 Organovo 公司的 3D 生物打印机

3D 打印的优势

    3D 打印是解决捐献器官短缺问题的一个潜在途径。此外，使用患者自体细胞构建的移植器官将明显降低排异反应的风险。当器官移植受体的身体将捐献器官视为外来结构时，为降低排斥反应，患者必须终身服用免疫抑制剂。

    "为了避免这个问题，我们通过组织工程和再生医学的方法从病人体内获取细胞，然后将这些细胞重新设计并分化成病人所需要的器官。"药理学和生理学领域的生物学专家 Lee Mun Ching（音译：李曼清）说，"现在，3D 生物打印就是这种方法的延伸。"

    尽管如此，科学家认为，真正实现将 3D 打印制造出的组织和器官植入人体还需要很长的时间。

甲状腺植入

    俄罗斯一家 3D 生物打印解决方案公司宣布，他们已经成功地将打印出的甲状腺植入小鼠体内。若这项研究制造出的甲状腺可以治疗碘异常，那么该公司将把这项技术推广到人体领域。

打印
罕见心脏

Q1 3D 打印如何辅助手术？

Q2 如何建立器官 3D 模型？

Q3 如何 3D 打印心脏模型？

Q4 打印器官模型对医生有什么帮助？

3D 打印如何辅助手术?

Q1

3D 打印技术可以帮助医生和研究人员制造组织和器官的模型。这些模型可以辅助医生进行疾病诊断、建立手术干预和治疗方案,从而挽救患者的生命。

雷蒙德·伯克博士是尼克劳斯儿童医院的小儿心血管外科主任,该医院位于佛罗里达州的迈阿密。那里有一位 5 岁的名叫米娅·冈萨雷斯的患者,她患有一种罕见的心脏结构畸形疾病,这种畸形导致米娅呼吸和吞咽困难。伯克博士在准备米娅的心脏手术时,需要知道怎样分开包围着她气管和食道(食道就是运送食物从嘴到胃的那根管子)的双主动脉弓。

伯克博士和他的团队面临一项挑战:既要顺利完成手术,同时又不能伤到米娅。因此,伯克博士决定请医学工程师为米娅做一个心脏的 3D 模型。

Stratasys 3D 打印机

患者的 MRI(磁共振成像)或 CT(计算机层析成像)影像数据传输到 Stratasys 3D 打印机后,打印机可以根据这些数据信息建立三维数字模型,并打印出来。打印出来的模型能很好地体现该器官组织结构的复杂性、特殊性等所有细节。有了这个 3D 打印模型,医生的术前准备将会更充分,并且能大大地降低手术的复杂性,减少手术时间。

——Stratasys 3D 打印机公司医疗解决方案总经理科特·瑞德

如何建立器官 3D 模型？

Q2

建立器官 3D 模型

在进行和米娅的情况类似的复杂手术前，医生们需要先制造一个精确的三维组织器官模型，用来研究和练习。为了做这个模型，生物医学工程师们要用特殊的 CT 技术和 MRI 技术扫描病人的组织和器官，然后把这些信息传递到 3D 打印机里。

"通过这个 3D 打印模型，我们能够更形象、更直观地知道应该分隔她的主动脉弓的哪一部分，从而达到最佳的手术效果。"伯克博士说。

医生在手术前仔细地研究心脏模型

工程师们精确地打印出米娅心脏的 3D 模型后，伯克博士和他的团队就利用这个模型找出进行手术的方案。"我们用最复杂的精密的成像系统、超声心动图和 CT 造影来研究米娅的心脏结构。"伯克博士说，"加上这个精确的米娅的心脏复制模型，我的团队在手术前就对米娅的心脏有了直观的体验，可以找到最安全的途径，并有信心将切口做得更小。我曾经见过有的外科医生在做类似米娅的这种比较罕见的心脏手术时感到很迷茫。这种 3D 模型能给我们带来足够的信心，因为我们事先已完全知道了她心脏的独特结构。"

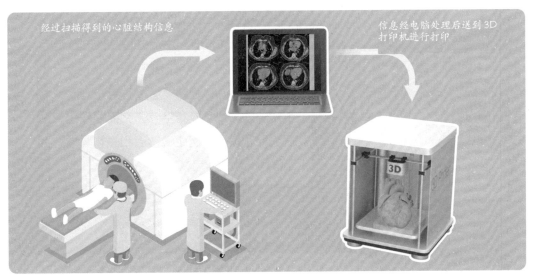

经过扫描得到的心脏结构信息

信息经电脑处理后送到3D
打印机进行打印

通过 MRI 扫描得到患者心脏构造的分层信息，然后用 3D 打印机打印出这个罕见的结构畸形的心脏模型

再现罕见的畸形心脏

转换二维扫描图

医生在打印器官模型之前，必须先把 CT 或 MRI 的二维扫描图转换为 3D 数字打印文件。这一步可以在计算机里通过特殊的软件完成。

通常，这种软件可以把器官模型切分成成百上千层水平平面，然后指导 3D 打印机从下往上一层层打印。3D 打印机利用不同的材料，尽可能准确地制造出组织或器官的 3D 模型。

"我用模型展示给他们：'这就是影响你们宝贝的东西……这就是她的心脏，我们会这样修复。'"伯克博士给米娅的家人展示了米娅的心脏器官模型，这完全就是在米娅身体里跳动的那颗心脏的拷贝。

打印患者器官模型的材料

生物医学工程师用来打印患者器官模型的材料包括：部分透明的丙烯酸树脂、聚乙烯醇、热敏性塑料或光敏聚合物。这些材料灵活、柔软，摸上去类似橡胶。工程师选择这些材料是因为它们的水含量和质地与人体组织非常接近。当医生用他们的手术刀切入这些材料做的 3D 打印模型时，他们可以模拟在病人的组织或器官上进行复杂手术。

如何 3D 打印心脏模型?

Q3

多方合作 ☒

　　市面上有多种可以用于制造器官模型的 3D 打印机,但如果是为了疾病诊断、手术前练习或是制订治疗方案而制作组织或器官模型,医生通常会和生物医学工程师一起合作完成。

立体的喷"墨"打印

　　用于打印米娅心脏模型的 3D 打印机 PolyJet 3D 聚合物喷射打印机的工作原理类似喷墨打印机。但不同的是,PolyJet 3D 打印机喷射的并非墨滴,而是将细小的液体塑料(光敏树脂材料)喷射到打印机的构建托盘上。喷射打印头会从构建托盘的一侧移至另一侧,或是沿着设计好的轨迹喷射打印。当光敏树脂材料被喷射到构建托盘上后,紫外线灯将射出紫外线,对光敏树脂材料进行固化。就这样一点接一点,直到整个模型打印完成。

计算喷射位置

　　通常,聚合物喷射 3D 打印机用一种计算机辅助设计(CAD)软件来计算在托盘上喷射液体塑料的位置。

固化液体塑料

　　紫外线固化液体塑料后会形成一个薄层,然后照这样一层层地搭建出精确的 3D 器官模型。打印模型需要一些支撑点,3D 打印机会使用提前装入的一种特别的材料。模型一旦制作完成,工程师们就可以手动移除这些支撑材料或是喷水使它们溶解。这样,一个 3D 打印的模型就做好了。

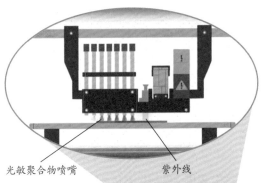

Stratasys 公司的 PolyJet 3D 聚合喷射打印机，喷墨头将光敏树脂材料喷射到打印机的构建托盘上，跟在喷头后面的紫外线立即对光敏树脂材料进行固化，就这样一点接一点，直到整个模型打印制作完成

光敏聚合物喷嘴   紫外线

托在手上研究的器官   ✕

　　研究表明，3D 打印的器官模型可以准确地复制人体器官的结构，从而帮助医生在复杂的手术前制订方案和进行练习。此外，一些科学家还认为，在不远的将来，医生甚至可以在处理不太复杂的手术前也用到 3D 模型。还有一些医生建议患者保留他们器官的数字影像，以防他们以后需要打印器官模型。

工程师常用的 3D 打印技术

　　工程师常用的 3D 打印技术有聚合物喷射技术、熔融沉积造型术和选择性激光烧结术。

打印器官模型型对医生有什么帮助？

Q4

同许多在用 3D 打印技术打印器官模型的医生一样，尼克劳斯儿童医院的儿科和心血管外科医生在准备孩子的外科手术时，已经会常规性地建立和使用 3D 打印的心脏模型。

"在尼克劳斯儿童医院，我们用 3D 打印辅助手术方案的制订和新学员的教学。"该医院的 3D 打印工程师周安·阿波利纳尔说，"建立这种 3D 模型，让我们不仅仅是在屏幕上看到，还能打印出来并放在手中，这从根本上改变了我们处理疾病的方式。"

让不可能变成可能

伯克博士还用 3D 打印制作出来的心脏为另一名患者 —— 安德娜丽·刚扎乐兹的手术做准备练习。这个孩子患有先天性心脏畸形，许多医生认为无法手术。伯克博士说："她的畸形非常罕见。拿到这个孩子心脏的 3D 模型并反复研究，能帮助我们制订从来没有过的手术方案。我们可以找到形状和尺寸精确的修补方法，并兼顾变形的肺静脉。"

伯克博士把安德娜丽的心脏模型放在他的运动背包里，他随时可以取出模型，移动模型上的血管以找出有助于修复孩子心脏的治疗策略。在这些练习中，伯克博士有了"如何进行手术"的灵感。他用模型给孩子的父母解释他的手术方案，并和他的团队一起用模型来做术前准备。

"一个十分精细的 3D 打印心脏模型给我带来了很大的变化，"伯克博士说，"它让一个本来不能实施的手术变得可以实施，从而挽救患者的生命。"

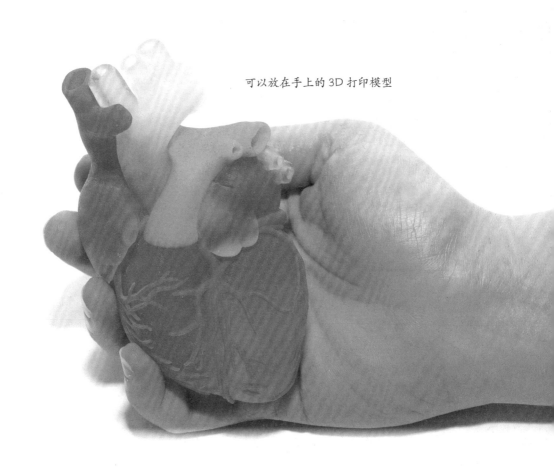

可以放在手上的 3D 打印模型

3D 打印技术在医学领域的发展情况 ✕

　　据《美国新闻与世界报道》的文章介绍，随着 3D 打印技术的不断发展和在医学上的应用，越来越多的医院开始建立包括工程师、软件专家和材料科学家在内的部门。这篇文章还指出，3D 打印技术尤其适合应用于少儿和成人的心脏外科手术、面部整形外科手术、还有髋、膝盖、肩的矫形外科手术以及颅骨、脊柱神经外科手术和需要切除疑难肿瘤的复杂手术。

3D 打印的未来

打印微缩世界

Q1 3D 打印的微缩模型可以有多小？

Q2 微型 3D 打印还能用来做什么？

你知道世界上最小的赛车模型有多大吗？一粒沙子那么大！

3D 打印的微缩模型可以有多小？

Q1

沙粒大小的模型

有人不仅打印出了最小的赛车模型，还打印出了维也纳圣蒂芬大教堂和伦敦塔桥的模型。这些模型虽然都只有沙粒大小，却具有令人难以置信的精妙细节。放在显微镜下，轮胎、塔桥绳索等局部细节也都清晰可见。

微米伦敦塔桥，在显微镜下，大桥的吊索等局部细节清晰可见

微缩模型的形成

这些模型由 3D 打印机使用液态树脂打印而成。根据激光束的指引，这些树脂可以精确地在正确的点硬化，在几百纳米的范围内进行结构复杂的创作。在模型打印的过程中，树脂中包含的一些分子，需要用激光激活，它们会引起其他树脂成分的连锁反应，最终凝固成我们需要的样子。

最小的彩色图片

一家专注于 3D 喷墨技术的公司 Scrona，使用 3D 打印技术创作了世界上最小的彩色图片，此作品还入选了吉尼斯世界纪录呢！这件作品使用量子点 3D 打印技术完成，整张画作只有一丝头发那么厚，而整个画面仅有 0.0092 平方毫米。在人眼看来，也就只有沙子大小。如此微缩的画作，必须在显微镜下才能观看。为此，他们还专门开发了一款便携式显微镜，与智能手机结合在一起使用。这款显微镜十分小巧，可以装入钱包携带。我们如何在一粒沙子大小的块面上，实现各色彩墨分离，让它们清晰可见呢？这真是一个很大的难题！

借助 3D 打印技术打印的彩色画，整个画面仅有 0.0092 平方毫米

微型 3D 打印还能用来做什么？

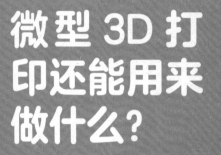

量子点

这种 3D 打印技术使用的并不是传统的油墨，而是量子点，这是一种纳米半导体颗粒，能够发出不同颜色的光。借助一定的技术，这些量子点就可以被操控从而显示不同的颜色，当它们以完美的精度从 3D 打印机中出来时，图像就形成了。

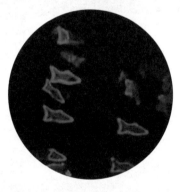

借助 3D 打印技术，科学家能很方便地打印出微型机器人——"微型鱼"。在不久的将来，这些"微型鱼"将有机会在人类的血液里"游泳"，寻找并摧毁病原体

打印微型人像

这些图像的分辨率高达 25000DPI，是顶级激光打印精度的 10 倍，而我们平时打印图片的分辨率也就 300DPI 哦！研究人员称，这种纳米精度的 3D 打印，关键在于 3D 纳米打印设备需要控制每一个量子点的位置，以使它们显现出需要的颜色。最让人惊喜的是，他们还可以打印微型人像，也就是说，你可以把自己的个人形象带到微观领域去了。打印人像可以使用纯金或者荧光纳米粒子，成品只有一粒盐那么大，通过肉眼，我们只能看到一个闪烁的小点。然而，当把它放到显微镜下，你就会惊喜地看到一个被缩小的自己。这件事情真是太酷了！

微型机器人

许多科学家设想在不远的将来，人类有能力往自己体内投放微型机器人，让这些机器人在人类的血液里"游泳"，预报体内的问题，并在体内直接摧毁病原体，保护人类免遭毒素的侵害。为了实现这一目标，科学家设计了很多方法来创造纳米机器人，但这些机器人多由无机材料组成，而且形状极其简单，不能满足我们的需要。

目前，科学家利用 3D 打印技术，打印出一种更为复杂的纳米机器人，称为"微型鱼"。顾名思义，这种机器人形如游鱼，有在生物或者非生物液体中"游泳"的能力。这种机器人采用微尺度连续光打印技术。这种技术不仅能提供高效的制造速度，而且能提高机器人的性能和精细度，对制造原料也没有那么高的要求。微尺度连续光打印主要依赖一种数字微镜装置芯片，并使用了约 200 万个微型反射镜，用于将紫外线投射到光聚合物材料上，一次固化一层。这使得科学家能够制造出只有 120 微米长、30 微米厚的各种形状的"微型鱼"。

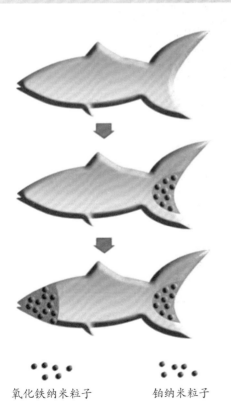

氧化铁纳米粒子　　　　铂纳米粒子

3D 打印称为"微型鱼"的纳米机器人。打印在鱼尾的铂纳米粒子，可与过氧化氢发生化学反应，从而推动"微型鱼"前进；打印在鱼头部的氧化铁纳米粒子具有磁性，可以控制"微型鱼"转向。这些"微型鱼"可以用于人体内的药物推送

4D 打印的到来

Q1 4D 打印，真的吗？

Q2 如何实现自我组装？

Q3 如何增加第四个维度？

如今在微米、纳米级领域，一场空前的革命正在进行。这就是通过对物理和生物材料进行编程，改变其形状和性能，甚至还可以对硅基物质的表面进行计算。

——美国麻省理工学院科学家斯凯拉·蒂比茨

4D 打印，真的吗？

Q1

蒂比茨获得的第一个大学学位是实验计算方向的，对此我们并不感到惊讶，因为他就是有着创造性思维的本领。之后，同样是在美国麻省理工学院，他获得了设计计算和计算机科学方向的高级学位。事实上，因为他不拘一格的想法，麻省理工学院邀请他和别人共同执教一个名为"如何制作（几乎）所有东西"的研讨班。然后，这所誉满天下的学府给这位年轻的科学家提供资金，让他建立并指导麻省理工学院"自我组装实验室"。这听起来还不错吧！

你可以看出，蒂比茨有着革命者的血统。但是，4D 打印呀，真的吗？蒂比茨？我们打开一台打印机，它就可以按照爱因斯坦的"时空连续统一说"带着我们到宇宙飞驰吗？不尽然。

麻省理工学院科学家斯凯拉·蒂比茨

关于"4D 打印"的创想

蒂比茨喜欢制作东西。他是一名建筑师，也是一名数学和计算机高手。他还是一个自由思想者，思维独立、古怪的他设想有可以自主移动的 3D 打印物品！这和弗兰肯斯坦博士打造的长得像人的怪物可不太一样，不过也差不太多。蒂比茨把他的创想叫作"4D 打印"。

如何实现自我组装？

Q2

为实现这个愿景，蒂比茨和他的同事开始使用"可编程材料"来进行 3D 打印。澳大利亚卧龙岗大学的科学家对可编程材料与 3D 打印的结合进行了如下描述："把受到刺激后体积会变化的材料应用到混合材质的结构中，可以产生相应的运动，这和动物运动时肌肉所产生的动作和植物感性运动时所产生的动作是一样的。"这听起来像是个革命性的想法。

可编程材料

简单来说，可编程材料能对环境的刺激做出反应，如改变自身形状、外观或其他性能。

一串 4D "珠子" 放进水中后，渐渐地改变了形状，形成了一个立方体。图中数字表示变化的次序

可变形的"项链"

在早期的一项实验中，蒂比茨利用 3D 打印机打印了一条看起来像由"长方形珠子"串起来的"项链"。但是打印用的"墨水"是可编程的材料。这种材料被写入了基于几何结构的代码，这个代码要求它在环境发生变化时做出特定的反应。在这个实验中，引发变化的条件就是这种材料与水产生接触。当"珠子项链"被放进一个装有水的器皿后，编程就起效了。这串"珠子"很缓慢但很清晰地呈现出了"MIT"字母的形状。

在一个更加复杂的演示中，蒂比茨和他的团队用 3D 打印机打印了一种类似的材料，但这次他们对程序做了微调。当这串珠子被放进水中后，不出所料，它渐渐地改变了形状。

如何增加第四个维度?

Q3

编入的智能

开启 4D 打印未来的关键是通过编程使打印机使用的材料智能化。有很多种方法可以实现这一点,并且科学家还在寻找新的途径。目前正研究的有以下两种方法,可以给 3D 打印出的物体增加第四个维度。

1. 数学编码。"自我组装实验室"正在进行的一个项目是尝试用几何代码来 4D 打印水管。然而,它们并非普通的水管。4D 打印的水管被编入了程序,可以在一定条件下收缩和放松。如果研究人员能够成功开发出可编程材料,那么他们就能发明出这样的水管:能够把水从源头输送到你家的水槽,而不需要靠耗能的抽水站。

2. 水凝胶。水凝胶是一种生物合成材料,当需要与人体进行接触时,它就尤为有用了。这种材料具有很高的弹性,同时能够保持很高的结构强度。软性隐形眼镜就是用水凝胶制成的。

埋在地下的水管能依据指令或在适当水压下改变形状，也能在管道破裂时进行自我修复

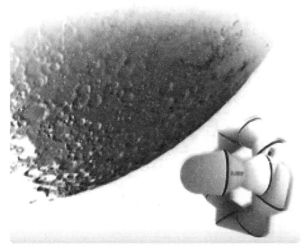

在太空那样的极端环境中，4D打印出来的物件能自动安装成型

水凝胶技术

澳大利亚卧龙岗大学的研究人员已经把水凝胶技术应用到了4D打印之中。而且，和"自我组装实验室"里测试的水管一样，卧龙岗大学的这个水阀也是行为完全自主的。

水凝胶的特性

研究人员在打印机的"墨水"中添加了水凝胶，打印出了一个小小的水阀。然后他们对这个水阀的"智能性"进行了测试。这个水阀一遇到热水就关闭；当水冷却下来，它又重新打开。

编辑策划成员

祝伟中（美），小多总策划，跨学科学者，国际资深媒体人

阮健，小多执行主编，英国教育学硕士，科技媒体人，资深童书策划编辑

吕亚洲，"少年时"专题编辑，高分子材料科学学士

周帅，"少年时"专题编辑，生物医学工程博士，瑞士苏黎世大学空间生物技术研究室学者

张卉，"少年时"专题编辑，德国经济工程硕士，清华大学工、文双学士

秦捷（比），小多全球组稿编辑，比利时鲁汶天主教大学 MBA，跨文化学者

李萌，"少年时"美术编辑，绘画专业学士

方玉（德），德国不伦瑞克市"小老虎中文学校"创始人，获奖小说作者

主要创作团队成员

拜伦·巴顿，美国生物学博士，大学教授，科普作者

凯西安·科娃斯基，资深作者和记者，哈佛大学法学博士

陈喆，清华大学生物学硕士

克里斯·福雷斯特，美国中学教师，资深科普作者

丹·里施，美国知名童书和儿童杂志作者，资深科普作家

段煦，博物学者和科普作家，南极和北极综合科学考察探险家

让－皮埃尔·佩蒂特，物理学博士，法国国家科学研究中心高级研究员

基尔·达高斯迪尼，物理学博士，欧洲核子研究组织粒子物理和高能物理前研究员

谷之，医学博士，美国知名基因实验室领头人

韩晶晶，北京大学天体物理学硕士

哈里·莱文，美国肯塔基大学教授，分子及细胞研究专家，知名少儿科普杂志撰稿人

海上云，工学博士，计算机网络研究者，美国 10 多项专利发明家，资深科普作者

杰奎琳·希瓦尔德，美国获奖童书作者，教育传媒专家

季思聪，美国教育学硕士和图书馆学硕士，著名翻译家

贾晶，曾任花旗银行金融计量分析师，"少年时"经济专栏作者

凯特·弗格森，美国健康杂志主编，知名儿童科学杂志撰稿人

肯·福特·鲍威尔，孟加拉国际学校老师，英国童书及杂志作者

奥克塔维雅·凯德，新西兰知名科普作者

彭发蒙，美国无线电专业博士

雷切尔·莎瓦雅，新西兰获奖童书作者、诗人

徐宁，旅美经济学硕士，科普读物作者